四川省委党校精品文库

中国传统德治思想研究

ZHONGGUO CHUANTONG
DEZHI SIXIANG YANJIU

黄 辉 程勇刚 著

西南财经大学出版社
Southwestern University of Finance & Economics Press
中国·成都

图书在版编目(CIP)数据

中国传统德治思想研究/黄辉,程勇刚著. —成都:西南财经大学出版社,2022.6
ISBN 978-7-5504-0195-2

Ⅰ.①中… Ⅱ.①黄…②程… Ⅲ.①政治伦理学—研究—中国
Ⅳ.①B82-051

中国版本图书馆 CIP 数据核字(2018)第 290530 号

中国传统德治思想研究
黄 辉 程勇刚 著

策划编辑:何春梅
责任编辑:周晓琬
责任校对:肖 翀
封面设计:何东琳设计工作室
责任印制:朱曼丽

出版发行	西南财经大学出版社(四川省成都市光华村街 55 号)
网　　址	http://cbs.swufe.edu.cn
电子邮件	bookcj@swufe.edu.cn
邮政编码	610074
电　　话	028-87353785
照　　排	四川胜翔数码印务设计有限公司
印　　刷	四川五洲彩印有限责任公司
成品尺寸	170mm×240mm
印　　张	10
字　　数	151 千字
版　　次	2022 年 6 月第 1 版
印　　次	2022 年 6 月第 1 次印刷
书　　号	ISBN 978-7-5504-0195-2
定　　价	58.00 元

序言

天地玄黄，宇宙洪荒。中华文明，源远流长。历史的车轮滚滚向前，有多少曾经的文明被碾作尘泥，只留在了书籍和博物馆中供后人奠祭。然而，中华文明却能经历几千年的风霜雨雪，在现代化的大潮流中仍然展现出别样的生机与活力。为何会如此？这既是中国之问，也是世界之问。子曰：人之生也直，罔之生也幸而免。在这个充满危机和矛盾的世界里，一个文明能保持持久的生机与活力绝非易事，关键在于“直”，即把握事物发展的内在性，掌握生存发展的规律。反之，对事物的规律没有恰当把握而能长久存活下来的，只是侥幸，是小概率事件。换言之，中华文明能在几千年沧海横流中屹立不倒，绝非偶然，而是有其内在的必然性。

我们认为，中华文明几千年不断完善和发展的德治思想便是这种必然性的一个方面。但是，中华文化博大精深、内涵丰富，德治思想作为其中的一部分与其他各种思想融合在一起，导致其内涵、发展脉络以及精华部分难以分辨。本书希望借助科学的研究方法，站在辩证唯物主义与历史唯物主义的角度来审视中华传统德治思想，条分缕析地厘清德治思想的相关概念，并在其相互联系中一窥其全貌。

首先，我们从德治思想所涉及的主体与客体入手，分析二者之间的区别与联系，进而把握德治思想的深刻内涵；从对德治的理论基础、道德与治理之间的关系以及德治的价值取向等方面的分析中展示出德治思想的性质与特点；从“以德治民”“以德治官”“以德治国”等方面展现德治思想的基本内容。

其次，我们以时间为线索，以各位先哲的思想为立足点，历时态地整理德治思想在多位先哲思想体系中的地位与具体内容，呈现出德治思想随时间发展的脉络。这部分主要分为中国传统德治思想的初步形成、基本建立以及进一步的丰富和发展。

最后，我们深入中国传统德治思想内部，探讨其所包含的养民、教民的“民本”精神，国家至上、集体至上的“集体与爱国”精神，纳谏、奋斗的“开放进取”精神以及崇德、尚和的“和谐”精神等思想精髓，并在此基础之上探讨如何将以德治国与依法治国相结合，进而体现出中国传统德治思想的当代意义。

作者

2022 年 3 月

目 录

第一章　德治的基本内涵及其主要内容

第一节　德治的基本内涵

一、古代德治的本质在于体现人的主体性

中国古代封建统治制度深受儒家思想的影响。儒家思想的起源最早可以追溯到西周时期周公制定的“礼”。“礼”的最主要内容大致可以概括为“亲亲”和“尊尊”两个基本方面。所谓“亲亲”，即要亲近应该亲近的人，要求人们做到“父义、母慈、兄友、弟恭、子孝”，并且“亲亲父为首”，即强调男性家长的绝对权威性。所谓“尊尊”，即要尊敬应该尊敬的人，那么谁才是应该尊敬的人呢？当然是长辈和上级，即要求人们恪守等级和名分。而且“尊尊君为首”，即强调君王的绝对权威性。儒家思想吸收了周公的“礼制”思想，由孔子创立，后经孟子进一步完善，再到荀子对一定方面进行了一定程度的改造。儒家学派认为“道之以政，齐之以刑，民免而无耻；道之以德，齐之以礼，有耻且格”（《论语》），极力强调道德教化在社会政治统治机制中的积极作用，认为人们在社会实践中可以通过道德自省和自律，在潜移默化下成为“温、良、恭、谦、让”等伦理道德信念的形象代言人。及至汉代，董仲舒倡导并实行了“罢黜百家，独尊儒术”的政策，他提出的“君为臣纲、父为子纲、夫为妻纲”的封建三纲五常伦理思想成了中国的正统统治思想并延续了近两千年，其影响是极其深远的。

中国古代德治的实质集中体现在人的主体性上，强调君主个人的绝

对权威，儒家思想被历代统治者推崇为正统思想，致使其发扬光大，因此，才出现了东方文明所特有的“礼法合一”的统治现象，一定意义上讲，古代德治超越了法治而成为主要统治手段，法治被包含于德治之中。因此就有学者一语中的地又揭示了，所谓的古代德治，实际上就是权大于法，以权压法，强调的是君主个人的绝对权威，是君主对臣民的居高临下。

二、当代德治是依法治国和以德治国的统一

现代意义上的法治来源于近现代西方法律文化。法治是民主政治的结晶，起源于古希腊和古罗马，法治和宪政紧密相连，可以这么说，没有宪政就没有法治，法治的核心不仅是国家通过法律来控制社会，而且就连它自己本身也要为法律所支配，法治最基本也最为重要的两个原则是“法律至上”和“法律面前人人平等”。我国在1999年正式将“依法治国，建设社会主义法治国家”写入宪法，标志着我国依法治国基本方略的确立，这是我国推进社会主义民主，建设社会主义法治国家历程中的一个重大进步，是我国发展历史上的一个重要里程碑。

因此，当代的德治活动必须在法律的框架下来进行，从属于法治，而不能超越法律去倡导所谓的德治。也即是说，德治虽好，但还是必须限定在法律的准绳内来推行。从当代社会来看，“以德治国”和历史上的德治在本质上并不是一样的。古代德治的本质是人治；而当代德治则是依法治国和以德治国的结合。我们不能将当代的德治思想与古代的德治思想混为一谈。当然，在我们推行依法治国基本方略的同时，必须充分重视道德和思想政治教育的功能作用，这主要是因为以下几点：

首先，道德是法律的基础。任何法的制定总是基于对道德的考虑而形成的。以刑法为例，理论上，犯罪分为自然犯与法定犯。自然犯在性质上违反伦理，很明显对这类犯罪的规定是在道德基础上形成的。法定犯虽不违反社会伦理，但有关法定犯的规定在原则上是不能违背道德的。因此，无论是自然犯还是法定犯，均是在考虑道德的基础上产生的。

其次，道德是区分良法与恶法的标准。这涉及法律违背道德时怎么

办的问题。应该视法律违背道德的程度采取相应的措施：法律尚未与正义相悖过甚，在实质上仍比无法更优，则应从维护法律威严的角度保留与道德违背的法律；而法律与正义相悖过甚，已恶于无法，则应予以废止。

再次，道德可以增强法律对现实社会的适应性。法律的稳定性与社会的发展存在着紧张的关系，尤其是法律原则。为了适应社会的发展，法律中确定了不少原则，而这些原则具有道德性和法律性。民法中的公共秩序与善良风俗原则体现了强烈的道德性。

最后，道德是法律的价值追求。在一定时期，人的理性是有限的。这样，由人制定的法律必然不能完全反映自然法，即“我”所定义的道德。越来越趋近于道德的实然道德永远是法律的价值追求，引导着法律向着良性的方向发展，使法律不仅是“一种必要的恶”，而且越来越趋近于正义。

一言以蔽之，当代德治是指在我们大力强调依法治国这一基本方略的同时，要充分注意发挥道德和思想政治教育的功能作用，笔者认为这才是其科学的含义。

三、德治的主体与客体

1. 德治的主体

德治是公共权力通过道德和思想政治教育来对社会制度和社会成员施以全面影响，以实现社会秩序的活动。在阶级社会当中，从本质上讲，统治阶级是德治活动的主体，统治阶级是国家政权的所有者，不过任何阶级的统治都只能是通过其少数代表来实现的，因而统治阶级是德治活动的主体，代表统治阶级掌握并行使公共权力的国家公职人员是德治活动的直接主体。在当代中国，以德治国的主体是广大人民群众。

2. 德治的客体

德治包括国民思想道德素质培养和社会制度道德建设两个基本方面。制度，在一般意义上，是指在一定思想观念指导下，团体或组织要求大家共同遵守的办事规程或行动准则，也指在一定历史条件下形成的法令、礼俗等规范或一定的规格。它是对人们经济、政治、文化、社会等关系的一定程度的社会安排。社会制度是为了满足人类基本的社会需要，在各个社会中具有普遍性、在相当一个历史时期里具有稳定性的社会规范体系。人类社会活动的规范体系，是由一组相关的社会规范构成的，也是相对持久的社会关系的定型化。社会结构是社会群体以社会制度为枢纽而形成的结构。在公共权力进行德治活动的过程中，制度将发挥两个方面的主要作用：一是将道德原则贯穿体现到制度建构过程之中，实现制度的道德化；二是采用制度手段来进行道德建设，实施德治，可以称之为道德的制度化。前者是德治的基本内容之一，后者是德治的基本实现路径，从这个意义上来看，社会制度也应该是德治的客体之一。

从国家职能发挥的这个角度来说，制度具有决定性意义。制度好坏的重要评价标准就是是否将特定的道德推崇、道德原则贯穿体现于特定制度当中。任何公共权力都包含并体现着一定的道德价值取向，这个道德价值取向取决于现实经济关系，服务于经济上占统治地位的统治阶级的利益，表现为一定的道德价值观念、道德原则。例如在中国古代，传统封建社会道德价值观念是以“天地君亲师”为尊，其核心是“君本”，维护的是封建地主阶级的根本利益；到了近代，自由竞争时期的资本主义社会道德价值观念是“自由、民主、平等、博爱”，其实质也不外是维护资产阶级自由剥削剩余价值的根本利益；社会主义社会道德价值观念是要实现人的全面自由、全面发展，代表的是无产阶级和广大劳动人民群众的根本利益，追求的是全人类共同解放这一终极价值。因而，从某种意义上讲，任何公共权力所建立的社会制度都蕴含着道德价值追求，这也是制度成为德治活动客体的根本依据所在。

客观地讲，制度必然蕴含着某种道德价值取向，而体现这种道德价值取向的是制度建构时的道德观念。因此，直接决定制度优劣的就是在制度建构过程中所尊奉的道德观念，“只有规定和支持特定制度存在和发展的理念符合道德的正义精神，才能创建出合理的制度”（王淑芹，2002）。作为为实现协调社会各群体之间的冲突，实现公共权力所有者的共同利益这一公共权力的基本职能而展开的治理活动，就包含着通过符合公共权力所有者共同利益和意志的制度建构，来塑造平衡社会的利益格局，协调各社会群体之间的利益冲突、降低人们利益摩擦的激烈程度，把社会管控在秩序的范围以内。在阶级社会里，所谓合理的制度建构，就是符合统治阶级的共同道德观念、价值追求的制度建构，在剥削阶级占有公共权力的国家，“合理的制度”能够最大限度地维护剥削阶级的利益，继而进一步强化统治阶级道德观念在社会生活中的统治地位。在社会主义国家，以促进人的全面自由发展为终极道德价值追求，以为人民服务为核心，以集体主义为根本原则作为制度建构的道德观念、价值追求，不仅体现了全体人民的共同利益和意志，而且通过制度对社会生活潜移默化的影响，促使人民在社会实践活动中，感受到并内化这些社会道德价值观念，从而促进人们养成良好品行，并亲身外化于社会实践活动中。实践证明，自觉体现社会主义道德价值观念的制度是促成社会主义德治，培养社会主义公民良好的思想道德观念，建设社会主义精神文明的重要推动力量。在制度建构过程中，不将制度作为德治活动的客体，不以公共权力所有者的道德价值观念为指导，公共权力就无法真正体现协调各社会群体间利益冲突，实现公共权力所有者共同利益的这一基本职能。这是人类政治生活普遍的、必然的规律。

在阶级社会当中，被统治阶级是德治活动的客体。德治活动包括社会制度伦理价值建设和国民道德素质建设两个方面。因而确认统治阶级根本利益的社会制度和被统治阶级是德治活动的客体。作为个体存在的统治阶级内部成员在一定意义上也是德治活动的对象。

3. 德治的主体、客体的辩证统一

在公共权力进行的德治活动中，也存在主客体辩证统一的情形。在阶级社会里，有的阶级在本质上是德治活动的主体，有的阶级在本质上则是德治活动的客体，决定这种主客体差别的根本原因在于这一阶级在社会生活中的地位。就其实质而言，只有在经济上占支配地位的阶级才能拥有国家这种公共权力，国家这种公共权力就是这个阶级对经济上处于服从地位的阶级施加阶级统治的工具，所以，正如统治阶级是国家公共权力治理活动的主体，被统治阶级是统治治理活动的对象一样，德治活动的主体也是统治阶级，而德治活动的客体是被统治阶级。

马克思主义认为，国家是阶级矛盾不可调和的产物，是阶级统治的工具。国家公共权力属于统治阶级，统治阶级的统治是通过少数代表行使国家公共权力实现阶级利益的。因此，本质上的德治活动主体，就是占有国家公共权力、掌握国家政权的阶级，终极意义上即是经济上占统治地位的阶级。德治活动的直接主体是代表统治阶级行使国家公共权力的那部分人，即国家公职人员。统治阶级的利益成为国家公共权力保护的对象。对于任何扰乱社会秩序，进而危及统治阶级本身利益的行为，国家公共权力都会加以干预、控制，因此，即使统治阶级内部的个体成员的活动，同样要受到国家公共权力的制约，那么这些以个体形式存在的统治阶级内部成员也是德治活动的客体。

以中国封建社会为例来说，地主阶级是统治阶级，王侯将相是代表地主阶级行使国家公共权力维护本阶级共同利益的少数阶级成员，他们用蕴含着地主阶级共同利益和意志的道德价值观念对社会成员和社会制度进行德治。这种德治活动实质上是地主阶级维护封建社会经济、政治、文化、社会关系的统治治理活动。此外，德治活动的对象也不仅是作为被统治阶级的农民，还包括统治阶级自身内部，特别是直接代表统治阶级行使国家公共权力的王侯将相。正如《论语》所言："政者，正也。"即强调公共权力占有者自身的道德操守和修养对于统治治理活动的重要性，这是儒家一贯主张的理念。统治阶级也具有德治活动客体的属性，这是因为作为社会意识形态，统治阶级的道德价值观念反映出这个阶级的社会地位和共同利益，在实践活动中自觉接受这一道德价值观念的制约，才是符合统治阶级自身统治利益的。社会主义国家生产资料所有制以公有制占主体，全体人民是国家公共权力的所有者，因此在社会主义国家进行德治活动，主体就是最广大人民群众，德治活动的直接执行者就是代表最广大人民群众根本利益，行使国家公共权力的公职人员。国家公职人员和每一个公民自身同样都要以社会主义道德标准要求自己。

因此，尽管大多数人认为，"以德治国"的主体是政权掌握者和国家机关的公职人员，而客体则是广大人民群众，但实际上这种认识似是而非。最好应该这样表述：公共权力德治活动存在主客体相统一的特征。政权掌握者和国家机关的公职人员同时也是德治活动的客体。在阶级社会国家，统治阶级在德治活动中也具有主客体相统一的特征，但在其本质上，统治阶级是德治活动的主体，被统治阶级是德治活动的客体；德治活动中主客体关系是一个辩证统一的有机系统。在社会主义国家，工人阶级和广大劳动人民成为国家公共权力的主人，德治活动中主客体具体的、历史的统一有了根本保障，通过建构具体制度来实现这种统一，有利于充分发挥德治对于社会主义建设的积极作用。

四、德治的性质及特点

1. 德治得以实现的理论基础

（1）“以德治国”思想是对我国传统德治思想的扬弃

“以德治国”思想的主张和提出，是对历史上我国传统“德治”思想的批判继承，两者之间存在着必然的历史联系。

“德”是公德，道德，是关于人们思想和行为的善与恶、美与丑、正义与非正义、公正与偏私等理念、原则、规范和标准的总和。（葛洪义，1999）“德”字从商代开始出现，周朝统治者（周公）提出：皇天无亲，唯德是辅，于此便产生了“以德配天”之说。（张绍德，2018）此时的“德”，还是一个融道德、政治、策略、信仰等为一体的综合概念。这些思想主张后来成为儒家提出“德治”理念的理论依据。

在我国历史上，先秦儒家学派率先揭示了较为系统的德治思想。儒家的“德治”是把人性善恶问题作为其“德治”思想的立论基础。人性善恶问题发端于孔子的“性相近也，习相远也”。孔子认为人的“性”“情”是接近的，即人的先天禀赋大体一样，并没有善恶优劣、贫富贵贱之分。但他同时也认为，人与生俱来的“性相近”，并非完全相同，而是有智慧与愚钝之别的。他把人分为“生而知之者”“学而知之者”“困而学之”“困而不学”四种。他还说道，“唯上智与下愚不移”。在他的思想中含有“上智”之人必性善，“下愚”之人必性恶的先天经验论。同时他也认为天生的善和恶均是少数，绝大多数人的天性是“相近”

的。孔子的这一思想开启了后人对德治活动中主客体关系本质的探究。孔子关于“习相远”的论述，揭示了他对德治活动中的环境和对德治意义的认识。孔子已然意识到人的个体之间差异的存在不完全是与生俱来的，还受到周围环境的熏染，有一定后天作用的结果。这一思想充分肯定了实行德治的必要性和可行性。确切地说，孔子并没有具体地讲述人性之善恶，但是他的“性相近”这一思想，后来成了孟子“性善论”的活水源头，而“习相远”则在某种程度上是荀子“性恶论”之发端。

“人性善”是孟子关于人的天性的一个著名观点。孟子认为人的性质在于人的天性，人的天性既是人生活中的伦理道德根据，又是其政治主张与愿望的基础。因为人都有善性，所以就有可能讲道德、施仁政。而人性之所以为善，是因为人从一生来就具有天赋的“善端”和“良知”“良能”。“仁义礼智根于心”，“非由外砾我也，我固有之也”。既然人与生俱来就有善性，那么为何社会上还有人行凶作恶呢？在孟子看来，这是社会客观环境的影响导致的，即“善端”遭到“陷溺”而丧失。所以孟子认为，虽然“善端”对人来说是与生俱来的，但也要注意不断地对其进行发展和扩充，培育善性，才能逐渐达到“尽心”“知性”“知天”“事人”“成圣”的境界。

而正好与孟子相反，另一儒家代表人物荀子则认为，“人之性恶，其善者伪也”。人性能由恶变善，是由人的后天实践活动所导致的。这个变化过程即为“化性起伪”。基于人性恶的认识，荀子在治国理念方面主张“法治”，同时提出“隆礼”

儒家学派以人性善恶为起点，形成了较为系统的“德治”思想，它主要体现在两个方面：一是突显了“德”在政治统治中的功能意义，主要包括宽惠待民和实行仁政，认为“德”是治理国家、取得民心的主要手段与方法。二是提高了“德”的地位，认为“德”居于君主的权力之上，也高于国家及其法律，是执政、刑罚的根据和指导方针，进一步发展了“明德慎刑”的思想，主张德、刑并用，以刑辅德；注重社会教化，以德去利；恤刑慎杀，先教后刑。

我国历史上的“德治”和“德主刑辅”等关于统治治理的思想理念和主张，是讨论统治者在治理国家、统治人民过程中所借用的手段、方法，总带有其无法磨灭的特定时代和特定阶级的“印记”。这大概是因为，这是从治人和治于人这一关系上来立论的，在理论上表现为片面强调道德功效的道德决定论倾向。儒家的这种泛道德化同君权至上、君权神授的国家主义与重血缘、家族情结的宗法思想联结在一起，使天理、国法、人情达到融会贯通。一方面，传统文化认可的道德观念及其蕴含的道德价值标准被赋予极高的政治权威性，儒家推崇的道德理想就这样被转化为政治理想；另一方面，传统道德的普遍社会功效仅仅被限定在个体亲缘关系以内。在此基础上建构起来“差序格局”的基层社会进一步强化了森严的社会等级划分，使得原本存在的社会公共生活领域被极端泛化的亲缘关系排挤，人与人之间的亲缘依附关系正好为公共权力私有化的君主专制集权政治奠定了坚实的社会基础，从而促成了以等级地位身份为主要标志的依附型社会的形成，造成日常的、本来的社会“公共生活”领域极度萎缩甚至缺失，一切社会价值标准也都只能在差序的伦理道德之下苟存。

尽管传统德治思想还有不少缺陷，亟待进一步改进完善，但仍然有其“合理内核”。这集中体现在：它把社会和国家的治乱与个人修为（特别是作为德治活动主体的统治者的个人修为）紧密结合在一起；“修己以敬”“修己以安人”“修己以安百姓”（朱熹，2011），主张对人民实行道德教化以及反省内求等修养方法，这在今天看来仍有一定积极意义。

“以德治国”思想批判性地继承和吸收了我国历史上关于德治思想的精华部分，抛弃了其糟粕，具有鲜活的内容和鲜明的时代性。

（2）“以德治国”思想是对依法治国思想的补充和完善

道德和法律都属于上层建筑中的思想上层建筑部分，两者既相互联系又相互区别，在维护社会生活秩序中既有各自的长处又有各自的不足。道德和法律相互联系的方面主要有：第一，两者的经济基础相同，有什么样的经济基础就有什么样的道德价值观念和将统治阶级共同利益上升为国家意志的法律，在同一社会中，道德和法律受到相同的经济基础的制约；第二，两者的价值取向一样，都服从和服务于掌握政权即在经济生活中占统治地位阶级的阶级利益。道德和法律相互区别的方面主要有：第一，道德发挥作用的范围更广，法律相对说来发挥作用的范围就要小一些。第二，道德的实现主要依靠社会舆论、人们内心信仰的力量等；法律则具有强制性，以国家强制力作为保障。第三，道德主要倾向于激发人发挥思维中理性的积极作用，而法律则更像是抑制人的非理性。第四，道德对公平和效率的贡献是以低成本运行的，而法律预期目标的达成则要以巨额监督成本和执行成本为代价。正因为两者是社会生活中不同层面的规范，所以不能相互等同替代，既不能用道德来代替法律，也不能用法律来抹杀道德的巨大功效。也正因为两者各有长短、相互补充，所以必须把两者有机统一起来。孟子也曾说过“徒善不足以为政，徒法不足以自行”。只取其一的主张和做法在历史上也并不少见，但这常常会引发或导致社会的不平衡甚至社会局势的动荡。在通常情况下，明智的统治者应该选择德与法不偏废，兼而施之。

在新的社会历史条件下，“依法治国”与“以德治国”的结合被赋予了崭新的含义。由于公共权力由私人、私家私有转变为广大人民群众公有，以认定和维护广大人民群众基本权益为根本出发点和落脚点的法治的强制性必然会取代道德的权威，上升为制约整个社会生活的最主要方式。法治的权威必然超越“个人”的权力与神明，成为社会的最高主宰，德治正是在此前提下积极发挥功效，与法治相辅相成。一方面，法律的好坏要以人类社会发展的普遍道德正义为基准，人们正是据此来把握和遵循法制的正义、公平的本质，建构良法，摒弃恶法；另一方面，道德的所有价值观念也要以法律判断为准绳、为底线，遵守相应的法律规定成为公德、美德、政德以及形形色色的职业道德的最起码的价值判断，也应该成为基本价值取向的题中要义。在现代社会思潮下，德与法的具体内涵及其表现或有不同，法或无情，德亦有短，所以，两者在基本价值的层面上只有相互补充，才能最大限度地实现国家和社会的安定有序。否则，没有法治作保障的德治在治理上最终必将走向人治，在经济上也终将因没有持续稳定的健康环境而导致发展的低效率；而没有德治作基础的法治则如墙头芦苇头重脚轻，负担过重。因为此时的法律不仅要规范人们的所有思想和社会活动，同时也要承担过高的资源、社会成本，这也必将使法治成为一种孤立的、没有效率的治理体系。

我们必须通过加强沟通合作与减少冲突的办法来实现法治和德治之间的良性互动，通过法治与德治的最优配置发挥各自最大积极功效，功能互补，实现社会安定有序。在现实实践中，我们应该合理限制道德法律化，找准临界值。法律在实施过程中一定程度上弥补了道德强制性的不足，从而使一些蕴含着统治阶级共同利益和基本价值取向的道德的普遍弘扬成为可能，这是道德法律化何以可能的原因之一，但法律是道德的最起码要求，法律最主要的目的在于抑制恶。同时，我们强调“以德治国”不应该干扰正常的法律运作。如果始于人性善而进行法律制度建设，不仅将导致法治无法可依，社会对法律的需求得不到满足，而且会使法律供给在质量上大打折扣，与社会现实正常需求产生巨大偏差，如基于对人性善的片面夸大就会使应有的对人的法律规制被忽视，从而是纵容人恶性的凸显，这将带来极大的负面效应。我们强调“依法治国”也不是放松道德教化在统治治理中的作用。法律道德化有助于法律得到社会广泛接受和普遍遵循，通过社会一般成员对道德观念的理解、认同和选择，为法治的建立、运行、对于全社会的覆盖与控制以及树立权威性，建构一个有着普遍主客体自觉自律的道德人文环境。

社会和国家的统治治理是一个相当繁杂的系统工程，只有将经济手段、政治手段、法律手段、道德手段、文化手段、社会手段等相互联结在一起，才有可能将国家和社会治理好。这些手段中法治与德治的相互补充、相互协调、相互促进无疑将起到非常重要的作用。道德是基础，法律是保障，在依法治国这一大环境下，全面加强思想道德建设，发展教育科学文化，以科学的理论武装人，以正确的舆论引导人，以高尚的精神塑造人，以优秀的作品鼓舞人，培养有理想、有道德、有文化、有纪律的社会主义公民，提高全民族的思想道德素质，既是以德治国的根本任务和基本实现路径，也是将依法治国和以德治国有机结合起来的一条重要原则。

2. 道德与治理的基本关系

治理是公共权力实现社会秩序的活动。秩序是人类存在的一个基本条件。“塞缪尔·亨廷顿在《变革社会中的政治秩序》中说：很显然，人类可以无自由而有秩序，但不能无秩序而有自由。秩序同时更是人类发展的价值向往和追求。奥古斯特·孔德认为‘秩序和进步’是评价社会现象的最高标准。”（张宏生，谷春德，1990）秩序的对立面是混乱，人类社会内部的矛盾冲突是制造混乱摧毁秩序的祸根。在马克思主义看来，在阶级社会中，最根本的冲突是阶级冲突。（王惠岩，1998）国家，作为公共权力的体现者，更是阶级统治的工具，其产生的根源就在于人类社会中对立阶级之间不可调和的矛盾冲突，这就是列宁（1980）所说的“国家是阶级矛盾不可调和的产物和表现”。国家产生的原因决定了其本质是应当缓和冲突。把冲突保持在“秩序”的范围以内的力量。马克思主义进一步指出“秩序”的本质在于实现并维护统治阶级根本利益的社会关系，尤其是生产关系。恩格斯（1995）说：“由于国家是从控制阶级对立的需要中产生的，由于它同时又是在这些阶级的冲突中产生的，所以，它照例是最强大的、在经济上占统治地位的阶级的国家，这个阶级借助于国家而在政治上也成为占统治地位的阶级，因而获得了镇压和剥削被压迫阶级的新手段。”国家的本质决定了其主要社会职能是缓解阶级矛盾，即以表面上看似凌驾于社会之上的公共力量调和对立阶级之间的矛盾冲突，以实现统治阶级的共同利益，以及被它限定的社会公共利益。从某种意义上讲，国家，从它出现那一刻起，就是作为人类社会秩序的维护者而存在着的。国家当然有严格要求自己规范自身内部行为的问题，这个问题解决得怎么样直接关系到国家能否实现其社会治理的职能。但是较之于维护秩序这一主要目的，国家对自身的治理不过是从方法和工具意义上讲的。

基于此，所谓治理就是统治阶级占有并运用公共权力来缓解社会矛盾冲突，实现社会秩序安定有序，以实现统治阶级的共同利益，以及被它限定的社会公共利益的管理活动。治理的内容一般说来涵盖阶级统治和社会管理两个主要方面。在阶级社会，治理实质上是以阶级统治为主，以社会管理为辅的统治；在社会主义国家，随着剥削阶级的最终被消灭，社会矛盾不再是根本利益冲突的敌对阶级之间不可调和的阶级矛盾，而是大量的人民内部矛盾，所以无产阶级专政的社会主义国家的治理活动以社会管理为主要内容，社会主义的本质就是解放生产力，发展生产力，消灭剥削，消除两极分化，最终达到共同富裕。

明确国家统治治理活动侧重方面在不同历史时期的变迁以及特点，对于我们理解治理活动在人类社会发展各个阶段上的本质，社会主义初级阶段的人民民主专政国家政权在全面建成小康社会过程当中的职能有着非常重要的理论和实践意义。以阶级统治为主要内容的治理活动，就是统治阶级借用国家政权的强制性力量，控制、剥削、压迫被统治阶级，镇压被统治阶级和一切危及统治阶级利益的行为的政治活动。以社会管理为主要内容的治理活动，则是统治阶级运用公共权力对国家事务、经济文化事务、社会事务进行管理的政治活动。治理就是公共权力协调不同社会利益群体之间的矛盾冲突，维护社会秩序的活动，其最终目的是实现统治阶级利益。由于占有公共权力阶级的属性不同，政权性质也就不同，政权性质的不同，公共权力治理活动的出发点和落脚点也就不同。恩格斯（1995）指出：“国家是整个社会的正式代表，是社会在一个有形的组织中的集中表现，但是，说国家是这样的，这仅仅是说，它是当时独自代表整个社会的那个阶级的国家：在古代是占有奴隶的公民的国家，在中世纪是封建贵族的国家，在我们的时代是资产阶级的国家。”因此，剥削阶级占有公共权力的国家进行的社会管理性质的治理活动，从本质上讲，也是为统治阶级根本利益服务的，是作为阶级统治的辅助手段而存在的，为实现阶级统治创造条件，治理活动的侧重方面在阶级统治，而不在社会管理，剥削阶级进行社会管理性质的治理活动在于这是实现阶级统治的必要前提。

3. 德治崇“善”的价值取向

德治是创造道德的社会制度，也是培养道德的政治人的政治活动。道德，既有风尚、风气、习俗之义，又有规则、规范等方面的意思；既是社会生活规范的外在要求，又是德行品性、内在修为等个体内心要求；

既是行为准则，也是评价标准。“所谓道德现象，就是指人类现实生活中由经济关系所决定，用善恶标准去评价，依靠社会舆论、内心信念和传统习惯来维持的一类社会现象。”（罗国杰，1989）因此，把道德理解为外在的规范或者理解为内在的标准都是合乎情理的。大多数时候，道德评价的对象只是个人或群体，而实际上，包括政治、经济、文化在内的社会制度都应该是道德评价的基本对象之一。

这里需要特别强调的是社会制度的道德评价问题。社会制度与社会结构紧密结合在一起，社会结构就是在一定社会中，用一种纽带把各种不同社会群体联结起来的结构，而这种特定纽带的最主要表现形式就是社会制度。“社会制度就是社会结构的组织形式，具体说就是社会组织及其管理形式。”（王惠岩，1989）在马克思主义看来，一定历史时代和一定地区内的人们生活于其中的社会制度，受着两种生产的制约：一方面受劳动的发展阶段的制约，另一方面受家庭的发展阶段的制约。在物质生产水平极为低下的时候，人口生产、血缘关系制约着社会制度；而当物质生产水平提高之后，物质资料生产、人与人之间的社会关系就超越人口生产而对社会结构、社会制度起决定作用，人类社会从原始社会氏族制度进入有政治国家的发展历史就证明了这个规律。马克思主义科学地揭示了人类社会发展的全部秘密、全部动因就在于物质生产活动，统治阶级在物质生产活动中占据主导地位，并凭借其经济地位掌握国家政权而成为公共权力的占有者。在经济继而政治地位的作用下，统治阶级的阶级意识逐步上升成为一定社会形态下占据主导地位的社会意识形态，就道德价值观念而言，一个社会主流的道德价值观念必定是统治阶级的道德，一切以往的道德论归根到底都是当时的社会经济状况的产物。在人类社会发展的各个历史阶段上，经济生活、政治生活和文化生活始终是一个有机统一体。那么，作为文化生活中社会意识形态的道德对整个经济生活和政治生活发挥着一定的能动作用。恩格斯（1995）认为：“……社会直到现在是在阶级对立中运动的，所以道德始终是阶级的道德；它或者为统治阶级的统治和利益辩护，或者当被压迫阶级变得足够强大时，代表被压迫者对这个统治的反抗和它们的未来利益。”所以客观上必然存在着道德价值标准对社会政治制度、经济制度和文化制度的评价。由于道德的阶级属性，一定社会制度的道德评价结果必然不一样。而对社会制度进行道德评价的本质是对社会这一共同体的组成阶级、群体利益关系以及现实的反映。尽管历史上不乏有思想家宣扬道德理想是普世的、永恒的，但在马克思主义看来，任何道德价值判断都具有其历史具体性，既反映着人类思想文化成果的真理性，又不可避免地包含着其历史阶段性局限，“无论利己主义还是自我牺牲，都是一定条件下个人自我实现的一种必要形式”（马克思，1995）。马克思主义理论以唯物史观为基点，科学地探讨了人类社会发展的最高类型，必然方向是实现人的全面自由发展的共产主义社会，从而使道德评价获得了科学的价值根据、价值标准。具体到社会制度的道德评价上，能否保障和促进人的全面而自由的发展，就成为衡量一个制度优劣，是否道德正义的根本标准。以此为准绳，我们就会很容易发现资本主义制度在道德正义方面的局限性，以及只有以保障和促进人的全面自由发展为宗旨的社会主义制度才是真正道德正义的社会制度。人的全面自由发展是马克思主义关于建设社会主义新社会的本质要求。要实现这一要求，制度是根本。我们在进行社会制度建设的过程中，要以能否保障和促进人的全面自由发展作为根本评价标准，进行道德层面的评价、引导，这样，才能深化社会主义改革尤其是政治体制改革，推进社会主义民主政治建设，促进中国特色社会主义事业蓬勃发展。

道德活动和政治活动都是一定社会物质生活条件的反映，受一定的社会物质生活条件制约，并随着这种物质生活方式的改变而改变，但它们发挥作用的机制却不尽相同。政治活动以公共权力为核心，以国家强制力为保障。法律和其他强制性手段都是公共权力对社会关系进行规范的方式。道德活动，则没有强制的专门推行机关和维护机关，道德对人们的言行、社会关系的规范，是通过约定俗成的规则、社会舆论等客观力量，还有人们的内心信念、自觉自律等主观精神力量来实现的。一言以蔽之，道德是以社会舆论和个体自觉自律精神等非强制性力量来协调个人、群体、社会之间的利益关系的。

以德治国，就是指统治阶级在借用公共权力进行统治治理活动的过程中，特别注重发挥道德教化对于缓和社会矛盾、缓解社会冲突，维护社会秩序安定有序，实现统治阶级利益和特定社会公共利益的作用。德治包括社会政治制度的道德正义塑造和政治人的道德素质培养两个主要方面。笔者在这里抛出这一概念的主要目的在于凸显道德在社会统治治理这一政治活动中应有属于它的地位，以便从马克思主义政治学理论角度观照道德与公共权力的关系，透视道德在公共权力活动中的地位、作用和意义，基于此，进一步深入探讨在推进社会主义民主政治进程中德治的具体实现方式。需要注意，在现代意义上讲的德治不是道德的政治化，而是政治的合道德性、政治的伦理合理性。民主法治背景下的道德价值取向的科学性、合理性主要体现在两个方面：一是政治人在政治活动中的道德自觉自律，二是公共权力以道德正义性的社会制度协调不同社会利益群体之间的矛盾冲突，维护社会秩序。简而言之，德治活动就是培养具有道德的政治人，创造具有正义的社会制度，以维护社会秩序，实现统治阶级，即最广大人民群众的利益。

第二节　德治的主要内容

社会制度是对以生产关系为基础的社会关系的确认，是维系社会结构的纽带，内在地包含着道德价值取向。而人是社会关系的物质载体。那么，在阶级社会里，统治阶级借用公共权力对社会进行的德治，其主要内容就是社会制度的道德正义塑造和国民道德素质的培养。

一、“以德治民”是德治的基本内容

国民道德素质培养，从公共权力进行德治活动的作用结果来看，是社会成员思想道德建设问题。国民是国家政权的最基本要素，是公共权力最终要落实到的具体目标。德治活动，主要内容之一就是统治阶级通过政治上的占有公共权力，以其道德价值取向影响国民的道德价值观念，建立起维护统治阶级利益的政治人文环境。当然，国民既包括统治阶级

成员也包括被统治阶级成员。而在整个统治阶级成员内部，只有少数人代表整个阶级作为统治者而直接行使公共权力，大部分阶级成员并不直接参与运用公共权力的统治治理活动。

思想统治是阶级进行统治治理的重要组成部分。统治阶级的思想在每一时代都是占统治地位的思想。这就是说，一个阶级是社会上占统治地位的物质力量，同时也是社会上占统治地位的精神力量。占统治地位的思想不过是占统治地位的物质关系在观念上的表现，不过是以思想的形式表现出来的占统治地位的物质关系。统治阶级为了维护其统治地位，实现其根本利益，必定会借助社会意识形态的作用，用本阶级的道德价值取向影响被统治阶级的道德价值观念，使其接受、认同并自觉用这种道德价值观念约束自我社会实践活动，接受自己被统治被压迫的社会政治地位，认可统治阶级攫取最大的经济利益、政治利益和社会利益。从这个意义上，在剥削阶级占有公共权力的国家，其展开德治活动的道德是剥削阶级的道德，这种道德是对广大劳动人民利益的剥夺、政治上的压迫，以及对其自由的束缚，因而是一种精神枷锁，一种被牢牢套在广大劳动人民身上的精神桎梏。在中国传统社会，国民基本上是没有任何政治上的权利和自由可言的，完全是作为被统治阶级统治的对象而存在的。封建社会国家进行的德治活动所高扬的“三纲五常”“四维八德”，实质上也不过是维护封建社会土地所有制的经济基础和君主专制中央集权等级制度的伦理道德。总而言之，剥削阶级占有公共权力而进行的德治活动，实际上只不过是柔性的政治压迫和经济掠夺而已。

在社会主义国家，由于根本利益相对立的阶级已经不复存在，阶级矛盾也不再是社会的主要矛盾，广大人民群众成为公共权力的所有者，成为国家政权的主人，国民成为享有真实政治权利、经济权利、文化权利和社会权利的公民。至此，道德已经代表着广大劳动人民的根本利益诉求和意志，反映的是以生产资料公有制为主体的社会主义生产关系，是广大劳动人民获得完全人身自由和真正思想解放的社会形式。马克思（1995）深刻地指出：“财产的任何一种社会形式都有各自的‘道德’与之相适应，而那种使财产成为劳动之属性的社会财产形式，绝不会制造个人的‘道德限制’，而会将个人的道德从阶级束缚下解放出来。”正好说明，在社会主义国家，已经作为统治阶级内部成员存在的广大人民群众不再是德治活动的被动客体，社会主义国家公共权力进行的德治亦即广大人民群众作为国家政权主人而开展的自我德治活动。列宁（1980）认为：“政治就是参与国家事务，给国家定方向，确立国家活动的方式、任务及内容。”社会主义国家进行德治活动的主要内容之一就是加强公民的思想道德建设，从而提高公民参与管理国家事务、经济文化事务、社会事务，履行公共权力终极所有者权利的能力。

综上所述，我们就不难发现，我国当下的德治活动是在社会主义民主政治大环境下来进行的，绝不是简单地对所谓的“使先知觉后知，使先觉觉后觉”的教条的道德尊奉、道德训诫，而是以广大人民群众的社会生活实践活动为根本力量源泉的社会主义思想道德建设过程。德治活动能否成功，社会主义思想道德建设目标能否实现，归根到底取决于广大人民群众是否发挥了自身的积极性、自觉性。广大人民群众是社会主义国家进行思想道德建设和德治活动的最主要参与者、践行者，同时也理应是思想道德建设和德治活动成果的受益者和维护者。因此，正如《公民道德建设实施纲要》提出：“公民道德建设的过程，是教育和实践相结合的过程。以活动为载体，吸引群众普遍参与，是新形势下加强公民道德建设的重要途径。每个公民既是道德建设过程的参与者，也是道德建设成果的受益者，要坚持在各种类型的群众性精神文明创建活动中突出思想内涵，强化道德要求，使人们在自觉参与中思想感情得到熏陶，精神生活得到充实，道德境界得到升华。”广大人民群众在社会主义国家思想道德建设活动、德治活动中作为统治阶级内部成员存在，也是德治活动基本对象之一，对于其主体性力量地位的明确，有利于强化国民的道德主人翁意识和道德责任意识，促进国民自觉把权利和义务进行有机统一，弘扬社会主义道德，形成社会主义的核心价值体系，为人的全面自由发展这一人类社会发展最崇高理想的实现奠定最坚实的基础。

二、“以德治官”是德治的重要方面

在德治活动中加强思想道德建设，公共权力行使者居于主体地位，其道德培养是一个非常重要的方面。“政治道德一般指在公共政治生活中，政治领导者对政治目标的设计、对权力的价值判断和对所承担社会政治责任的认识，以及对处理个人权力与公共权力之间关系的行为准则。”（蒋云根，2003）一般来说，政治道德并不是一种固定不变、普遍使用的价值规则，在不同的时间与空间条件下，政治道德往往会有不同的内容与表现形态。人治和法治是统治阶级掌握公共权力进行统治治理的两种基本类型，二者的共同之处是，公共权力直接行使者是整个统治阶级和国家机器以及广大人民群众的联结环节，在整个政治生活当中处于枢纽地位，发挥纽带作用。在不同历史阶段，不同的统治阶级都会充分发挥社会意识形态对社会存在的积极能动作用，提出、奉行某种不同于以往的道德价值观念，将其作为实现政治目标的重要组成手段。在古代政治统治实为人治的条件下，作为统治阶级内部成员的公共权力直接行使者往往被神圣化，在个人修为方面往往也被提出高于普通社会成员的道德标准。

马克思主义认为，国家政权的公共权力总是被社会的一个阶级占有，实施阶级统治，任何一个社会占主流意识形态的道德实质都是统治阶级共同利益的反映，因而德治的对象绝不应仅仅是广大人民群众，对统治阶级，尤其是对那些少数代表统治阶级直接行使公共权力的国家机关成员而言，也存在着用阶级共同道德价值观念规范言行的必要。古代思想家们也在某种程度上意识到统治者的道德水准和个人修为对全体社会成员的道德榜样模范作用，对维护社会秩序的这种特殊重要性。比如，中国古代儒家学派在道德伦理建设方面，其基本主张就是“内圣外王”，通过“格物”“致知”“正心”“诚意”“修身”“齐家”“立业”“治国”“平天下”的步骤来实现，以内在地具有圣人的道德操守，对统治阶级来说尤为如此。在此基础上更进一步说，“老吾老，以及人之老；幼吾幼，以及人之幼，天下可运于掌”“先王有不忍人之心，斯有不忍人之政矣。以不忍人之心，行不忍人之政，治天下可运之掌上”（《四书章句集注》）。推己及人，将圣人的道德修养具体落实到现实社会统治治理当中，实施维护广大人民群众基本利益的“德治”和“仁政”，最终将赢得持续稳定健康的社会环境和政治统治地位。儒家学派倡导的德治理念的着力点在于统治者的个人修养的提高，由于受到历史局限性的制约，在阶级社会里，从来就没有而且也绝不可能有“明君”“圣君”这样道德水准的统治者出现。但不可否认的是，凸显统治者道德重要性和对社会统治治理的特殊意义在今天看来仍是极富启发意义的。

现代社会国家的统治治理一般都主要采用法治，当然，公共权力的行使者具备较高的思想道德素质仍然是必需的。对统治治理活动的方针、政策、策略的具体执行者在道德品行、价值取向上提出更为高标准的要求，其榜样模范作用对于社会公共道德的形成和被社会成员广泛地接受、认同、遵循，以及国家政权职能的实现都相当重要。这正如博登海默（1999）所说：“任何值得被称为法律制度的制度，必须关注某些超越特定社会结构和经济结构相对性的基本价值。”“至于一个法律制度是否能够完全不使用含有道德含义的广义概念，如诚信、犯意（犯罪意图）和违背良心的行为等概念，也是颇令人怀疑的。”这也就同时要求作为公共权力的直接行使者必须拥有最起码的社会良心、伦理道德和责任义务意识，在他的社会生活，尤其是政治生活实践中要遵循基本的公共道德价值原则，弘扬基本的公共道德精神，即始终坚持基本公共道德的价值取向，时刻明确和正确处理公共权力所有者、直接行使者与公共权力本身的关系，与同僚、共事者的关系还有与广大社会公众的关系，而不是官僚主义作派，以个人利益的得失作为活动的基本判断准则。应使公共权力直接行使者成为具有高尚道德修养境界的人，使其社会活动尤其是政治行为受基本道德价值规范的制约，继而通过对道德必然性的觉悟而形成道德自觉自律。而且只有使公共权力直接行使者成为道德之人，他才会懂得关心他人、体恤社会，以及忠于国家及其根本利益，从而成为社会广大公众的榜样，发挥表率作用。

在法治为主要治国手段的社会条件下，法律实际上就成为最起码的道德，是作为底线而存在的道德。那么，对于公共权力直接行使者而言，对其最基本的道德要求就是树立和维护法律的权威性。敬畏并忠于国家法律，不徇私枉法，刚正不阿，这是法律至上精神具体落实的表现，也是对公共权力直接行使者在社会生活尤其是政治生活中最基本的道德底线要求。国家核心利益至上是对掌握并行使公共权力的公职人员的道德要求的基本方面之一。从法理角度上讲，公共权力直接行使者接受广大人民群众委托而代表全体人民掌握国家政权，管理国家事务、经济文化事务、社会事务，只能依法履行社会管理职能的义务，而不能利用手中占有的公共权力谋取一己之私。公共权力具有它本来的公共属性，公共权力行使者必须具备这样的道德自觉自律。而且，公共权力直接行使者也必须树立国家公民利益至上的观念，在具体执行公务活动当中，不仅要依法行使权力，履行社会管理职能，更要以维护国家公民切实利益、实现国家公民利益最大化为其每一个公务活动的终极追求。

在中国古代，思想家们非常重视统治者的道德操守和个人修为对于广大社会成员的道德榜样模范作用。儒家学派创始人孔子指出："君子之德风，小人之德草，草上之风，必偃。"这是对公共权力所有者、直接行使者的道德水准的社会影响力的正确认识。在现代法治社会国家，国家机关的公职人员作为公共权力的占有者、直接行使者，其道德水准，直接影响着国家机关在社会公众心目当中的形象，对全体社会成员的思想道德水平和整个社会的道德教化之风发挥着非常重要的作用，深刻地制约着公共权力维护社会秩序实现社会治理的程度。

任何社会作为社会意识形态存在的道德总是以服从和服务于一定的经济利益、政治利益为目标。道德得以存在的基础，实质上在于是否有利于其维护的特定的经济利益、政治利益的实现。道德从本质上讲并不是一种绝对理想化的东西，它对于社会实践活动，特别是政治行为的引导具有很强的实践性和有效性，道德的根本目标就是实现好、维护好并发展好特定的经济目标、政治目标。所以说，西方资本主义社会所倡导的道德本质上终是以资产阶级根本利益为归宿的。只有社会主义国家的共产主义道德才有可能以广大无产阶级和劳动人民的根本利益为出发点和最终落脚点。

在社会主义初级阶段的中国，公共权力直接行使者加强思想道德建设的基本任务就是充分发挥社会主义制度的优越性，为促进实现人的全面自由发展提供根本保障。要坚持社会主义核心价值体系，以全心全意为人民服务为核心，坚持集体主义的道德原则和价值取向，坚持社会主义人道主义的重要原则，坚持“爱祖国、爱人民、爱劳动、爱科学、爱社会主义”的基本道德规范，提高国家公职人员的道德水准。按照宪法和法律的规定行使国家公共权力，切实维护广大人民群众根本利益，并使其成为道德自觉。

三、“以德治国”是德治的最终目的

制度一般指要求大家共同遵守的办事规程或行动准则，也指在一定历史条件下形成的法令、礼俗等规范或一定的规格，是对人们现实中社会关系的确认和规范。制度从本质上讲既是对现实社会经济生活的反映，又是对现实社会经济关系发展趋势的某种程度的规定，把社会制度作为德治活动的客体之一，反映了公共权力占有者在建构社会制度的过程当中总是自觉或不自觉地将其基本道德价值取向作为制度创建的价值指导，这涉及制度伦理的问题。制度伦理关怀的终极意义在于，通过社会制度的合理制定和制度效力的积极发挥，使社会上各种复杂的利益关系得到妥善安排，这是在全社会进行思想道德建设的前提和基础。马克思（1956，1957）认为：“人们奋斗所争取的一切，都同它们的利益有关。”“正确理解个人利益是整个道德的基础。”社会道德终究取决于现实社会人们的经济活动和相互之间的经济关系，而且正是处理人们之间相互的利益关系的这种需要，才使得伦理道德等有了得以存在和发展的基础和必要，且已经内化为人们主观思维中的道德价值观念，必须与现实生活中社会制度下的经济、政治和文化生活秩序相统一。如果个人主观思维中的道德观念和价值判断在现实社会生活中没有找到着力点，得不到制度支持，与现实生活中的社会秩序是不协调统一的，甚至存在严重的冲突对抗，那么最终也只能仅仅是水中月、雾里花。例如，即使原本很崇高的道德信念和价值追求，也会在不讲道德只讲利益的各种社会纷争中慢慢被侵蚀直至消解。正如罗尔斯（1988）所说，“离开制度的正当性来谈个人的道德修养和完善，甚至对个人提出各种严格的道德要求，那

只是充当一个牧师的角色，即使个人真诚地相信和努力遵奉这些要求，也可能只是一个好牧师而已”。

因为制度的制定实质上就是对处于社会生活中人们利益的分配和基本权利与义务的规定，那么，它是否真正体现社会公众普遍认可的道德正义精神和社会上绝大多数人的共同利益诉求，不仅直接关系着社会成员对这一制度的接受、认同、遵守程度，而且关系着人们将形成怎么样的道德理想信念和价值追求以及其指导下的社会实践活动类型。如果对社会成员利益分配的制度不合乎公平公正的原则，利益的获得者只是占社会成员的少数而不是广大劳动人民，少数人能够合法地剥夺绝大多数人的劳动成果，压迫广大劳动人民，这不仅会造成经济的不平等、社会的两极分化、社会结构的失衡，而且会影响诚实劳动、合法经营、勤劳致富等道德理念的普及，无视甚至践踏劳动的价值，助长歪风邪气的盛行。

当然，权利和义务的不恰当规定同样也会导致权利和义务的分离甚至更严重的后果，即使一部分人独享特权而没有相应义务，而大多数人仅仅被作为统治对象，没有得到其应有的基本权利。显而易见，不正当的社会制度对伦理道德的摧残破坏是极其严重的。

社会制度建设属于上层建筑中的政治上层建筑领域的探索，只有符合经济基础发展要求的社会制度才能对经济、社会生活的进一步向前发展产生推动作用；在把现实社会经济基础作为建构社会制度的出发点的同时，任何社会制度的建设都还不能忽视社会历史文化传统的传承，否则，制度将不能对经济、社会生活产生应有的制约作用。推进社会主义民主政治，加强社会主义法治建设和依法治国是建设中国特色社会主义社会的重要组成部分。法治建设不能不妥善处理与社会历史文化传统传承的关系。在西方发达国家的政治法治传统中，很大一部分法律制度是在市场经济“自然”发展和资本主义“自由竞争”过程中逐渐形成，演化变革，完善固定下来的。中国的社会主义市场经济体系建立和依法治国都是政府自上而下提出并推进的，由政府主导，而不是在现实社会实践活动中已经萌芽，由社会公众意识到其重要作用和地位自下而上推进的结果。政府主导型的法治建设由于其特定方式往往意味着缺少足够的维持其合理存在的社会群众基础。由此可见，如何把一种陌生的东西强行融入我们的社会实践活动中，必然会成为法治建设的难题。基于此，伯尔曼（1991）的一段话应引起我们的注意，“我们的现代法律制度被设计来调整社会生活的各个领域，为构建一个现代社会奠定基础，同时，这种制度也代表了一种精神价值，一种在久远的历史中逐渐形成的传统。问题在于，这恰恰不是我们的传统。这里不但没有融入我们的历史、我们的经验，反倒常常与我们‘固有’的文化价值相悖。于是，当我们最后不得不接受这套法律制度的时候，立即就陷入无可解脱的精神困境里面。一种本质上是西方文化产物的原则、制度，如何能够唤起我们对于终极目的和神圣事情的意识，又怎么能够激发我们乐于为之献身的信仰与激情？我们并不是失去了法律的信仰，而是一开始就不能信任法律。”因此，在社会主义初级阶段的中国，推进社会主义民主政治，加强社会主义法治建设的基本使命如何与中国优秀传统民族文化有机统一起来，将全心全意为人民服务这一社会主义道德的核心价值和实现人的全面自由发展这一马克思主义理论基本道德价值观念的终极要求贯穿到我国的现实社会实践活动当中，这也是我国公共权力所有者倡导实行德治活动所必须面对的基本问题之一。

可以在一定意义上讲，社会制度是对现实社会生活中人们行为方式的规范。因此，以特定道德价值观念为指导而建构的社会制度，规范了人们在社会生活尤其是政治生活当中的行为活动方式。道德，作为社会意识形态而存在，根源于人们的现实社会实践活动，取决于人们的经济关系，因此，制度所蕴含的道德价值取向对于全体社会成员道德水平和价值判断起到非常重要的影响作用。道德正义的制度，是道德的社会公众得以生长壮大的肥沃土壤，它不仅可以提高全体国民的思想道德水平，而且可以提升公共权力直接行使者的政治道德人格。

第二章　中国传统德治思想的初步形成

第一节　中国古代德治思想形成的历史渊源

一、自然地理环境的影响

地理环境是人类社会存在的永恒载体，也是人类生存和发展的首要条件，一切的文化和道德观念都是在此基础上繁衍开来的。人类必须首先生存在一定的地域之内，并且根据现实的自然条件，来进行物质生活资料的生产，才能延续自己的后代。正如马克思（1975）所说："空间是一切生产和人类活动所需要的要素。"这里的空间，具体讲就是指人类所处的地理环境。总之，人类的生存离不开空间，人类的活动都是在一定的地理环境内进行的。

地理环境由于地质结构、地形地貌的不同，呈现出千差万别的状态，这是最基本的客观存在。马克思（1975）说："不同的公社在各自的自然环境中，找到不同的生产资料和不同的生活资料。因此，它们的生产方式、生活方式和产品，也就各不相同。"因此，不同地理环境也就决定了不同民族的经济状况，进而影响了其文化品格和道德观念的走向。特别从人类早期生产力特别低下、对原始自然依赖非常深刻的状况来看，自然地理条件对于文化品格的塑造和道德观念的形成起着决定性的作用。

中国的自然环境对中国古代文化思想和德治观念的形成起着不可忽视的作用。在中国古代文化中，天、地、人三者的关系构成了其最基本的道德伦理规范。天与人的关系是这个伦理关系的核心部分，人与地的关系则是这个伦理关系的现实反映。这里的“人”是指各种人文现象和思想观念，而“地”则是指广义的自然地理环境。人与地的关系表现为人类及其各种文化现象与自然地理环境的相互作用、相互影响。我们的祖先在与自然界发生联系的过程中必然要加以思考，从而形成了各种各样的“人地观念”。“崇天敬地”“因地制宜”“因俗治人”等都是我国古代重要政治思想，而这也正是“人地观念”的延伸和发展。可以说，“人地观念”是中国思想文化的主要源头之一，也对中国古代的德治思想产生了巨大影响。

（一）多态的地理环境与德治思想的多样性

中国自古以来土地广袤、幅员辽阔。东至黑龙江与乌苏里江汇合点，西至皑皑白雪的帕米尔高原，北至黑龙江江心，南至南海的曾母暗沙。在这 960 万平方千米的土地上，有数之不尽的名山大川，这些山川和河流往往是文明发源地，也是区域文化的分界线。由于高山大河的天然阻隔，在中国疆域内就形成了各种不同的自然地理区域，其中蕴含着各种丰富的自然资源，并表现出不同的地理特征，这样，在相对封闭的地理区域单元内，就形成了不同的文化品格和政治思想。黄河、长江流域的平原地区物产富饶、道路平坦，很早就形成了北粟南稻的农业区。农耕经济的发展使得人们十分依赖土地、重视农业，养成了重农轻商、安土重迁的观念。这使得统治者在进行管理时比较重视道德在政治管理中的作用，从而使得中原地区较早地从奴隶制过渡到封建制。相对开放、平坦的地形，也有利于统治者建立中央集权政权，实行统一的行政区划。

西北地区，距海千里之遥，又有山岭阻隔，东从太平洋、南自印度洋吹来的湿暖夏季风鞭长莫及，它因此成为中国最干旱的地区。中国最大的沙漠塔克拉玛干沙漠就分布在这个地区。而有“世界屋脊”之称的青藏高原则是地势高耸，以高寒为主要特点。千百年来，这个地区的人民的衣食住行和生活习惯，完全与寒冷、干旱、辽阔、空旷的自然环境相适应，更与其游牧、迁徙的生产生活方式相一致。广阔的草原和荒漠地区的生存条件与土地肥沃的中原地区相较更为严酷，游牧民族不得不常常迁徙和战斗，以此来应对来自然界和异族的压力。这样，就养成了其孔武好战、精于骑射的文化品格。在政治管理方面，这个地区长期盛行军事奴隶制或部落联盟制，宗教信仰的普遍性和宗教权威的绝对性是他们道德观念的主要来源。在这种观念的影响之下，宗教统治着整个社会，深刻地影响着游牧民族的政治文化、经济、特色和风格。

我国的东南地区属温暖湿润的亚热带海洋性季风气候和热带季风气候，气候温和。这里河流、湖泊星罗棋布，气候适宜，土地肥美，山区蕴藏丰富，湖区鱼米飘香，有“天下粮仓”“丝绸之乡”的美誉，可谓物华天宝、人杰地灵。东临苍茫的大海，是先民与外界交往的重要通道。因此，地处江河沿岸和海滨的人们，通常把渔业、盐业、运输业作为其主要产业。自古以来，我国的东南地区就以商业发达著称于世，社会经济比较繁荣。与中原地区的民族相较，该地区的人们既少有重农轻商的思想，也不固守安土重迁的意识；与西北地区的民族相比，该地区的人们性格较为温和，富于稳定性和创造力。由于商品经济和手工业的繁荣，更需要道德规范这种相对温和的政治手段来进行调节。

（二）地理环境的封闭性与德治思想的延续性

其一，在历史上，我们虽不时有分分合合的局面，但中华民族一直延续和保持了大一统格局，其总趋势是没有改变的。在大一统的政治格局下，产生了许多杰出的崇尚德治的政治家、思想家、军事家。其二，以大环境为依托的中华文化，有博大的气象，能够正视其他民族的文化，并加以吸收改造。虽然有其他民族的思想渗入中华文化，但中华文化具有顽强的生命力，并能积极对其加以改造，使之适合中华文化的本性。其三，在广大的疆域中，中华文化也是丰富多彩的，不同区域的文化相互渗透和补充，生生不息，长期保存着活力。

中华民族的先民们生活在地球上最大的大陆——亚欧大陆的东部。这块大陆的西北部是高耸的帕米尔高原，山路崎岖、路不可通，是巨大的高寒干旱之地，也是人类难以逾越的西北地理极限。西南则有世界上最高的山脉——喜马拉雅山，它成为中国与南亚地区的天然分界线。横断山脉以及江河的重重阻隔，是中华民族与东南亚人民之间交往的巨大障碍。北方则为广阔无垠的草原与沙漠，常以贝加尔湖、外兴安岭为界，此线以北因极北严寒、人烟极稀，很少与中原有直接往来。东面自黑龙江东部沿海至东南沿海有2万多千米的海岸，面对的是一望无垠的太平洋，在当时的生产力水平下，这是难以跨越的浩瀚的天然障碍。

在中国的四域之外，大海、戈壁、沙漠或是高原构成了一道道难以逾越的天然屏障。在这样相对封闭的内陆地理环境里，中国的思想和文化在一种与外界相对隔绝的状态下独立地发展起来。千百年来，中华民族在这样封闭的空间里活动，基本上没有受到大的外来文明的冲击，也较少借鉴和吸收别国的文化，因而自己的文化没有出现断层或湮灭，表现出相对稳定、连贯的文化特征和独具特色的政治特色。我们可以看到，中国的德治传统也具有一定的连续性，它不是凭空臆造的，而是一脉相承的，其都是在前人先贤的基础上加以发展和改造的，不断地给中国政治文化注入新血液、新动力。

（三）地理环境的内陆性与德治思想的统一性

中国是一个大陆国家，我们的国民具有大陆民族的典型特征。在中华民族经过不断的融合和兼并，形成了一个统一的民族之后，我们的统治者就必须通过各种方式保持经济、军事、文化等方面的高度统一。只有这样，才能保证我们国家政权的延续，保障社会长治久安。久而久之，便形成了中华民族比较稳定的心态和华夏文化强大的融合力。虽然中华民族在历史上经常受到外族入侵，但每次都能在广大的地区上回旋和迁移，并对入侵的外族文化进行同化，从而始终以自己独特的风格和日趋完善的系统，绵延不绝。

由于中华民族地处内陆，所以人们对地理的认识具有一定的内向凝聚，也就形成了比较统一的德治文化特征。纵观我国政治的历史，我们的古哲先贤们经常在地理环境上找到其思想的根基，德治的渊源。易经中载道“天行健，君子以自强不息；地势坤，君子以厚德载物”，就是从宇宙实体的“天”“地”出发，将其作为道德实践的本体，规范人们的道德行为。儒家也会从自然中汲取道德体验。《荀子·宥坐》中载：“孔子观于东流之水，子贡问于孔子曰：‘君子之所以见大水必观焉者是何?’孔子曰：‘夫水，大遍与诸生而无为也，似德。其流也埤下，裾拘必循其理，似义。其洸洸乎不淈尽，似道。若有决行之，其应佚若声响，其赴百仞之谷不惧，似勇。主量必平，似法。盈不求概，似正。淖约微达，似察。以出以人，以就鲜洁，似善化。其万折也必东，似志。是故君子见大水必观焉。’”中华民族是一个热爱观察的民族，他们总是把自然作为思考对象，并积极探讨思考“天人关系”“天地关系”等哲学问题。中国的统治者和先贤们常常把地理环境作为其论述本体，加以比附，并赋予或者推导其道德人格。这样，统治者便能以此作为统治的根基，把由环境产生的道德观念逐渐落实到具体政治实践层面。

二、农耕经济发展的影响

不同的生产方式和经济状况会产生不同的生活方式和道德观念。一般来说，从事农业生产的民族往往比较依赖土地，安土重迁，其品性比较保守平和，能吃苦耐劳；而从事游牧业的民族往往迁徙不定，居无定所，其品性也比较勇敢彪悍；而从事工商业的民族往往来回奔波，乡土意识比较淡薄，但其眼界开阔，精于计算；而近海民族则把海洋作为财富的来源，致力于渔业和盐业的开发生产，其性格外向豪爽，比较容易接受不同的文化理念。总之，不同的生产方式和经济状况不仅体现了人与自然的关系，也对民族文化性格的形成和民族道德伦理标准产生巨大的影响。

农耕经济是中国最古老的文明经济形态。纵观中国的政治发展史，其政治制度几乎都是构建在农业生产的实践基础之上的。中国先民主要活动在黄河、长江流域，这里的地形多以平原为主，且土地肥沃、水系发达、气候适宜，为农业的兴盛提供了良好的条件。几千年前，黄河中游地区的仰韶文化和龙山文化，展现出了中华民族的祖先从渔猎向农耕生产过渡的历史风貌；长江中下游的屈家岭文化及钱塘江流域的河姆渡文化，也都留下了祖先们在这里辛勤耕耘、繁衍生息的时代痕迹。后来，各种文化随着农耕区的扩大而传播和扩展，中华先民不断地从黄河流域和长江流域向大江南北、海角天涯迁徙开来，逐渐形成了我国以农耕经济为主体的经济特征。

一是安土重迁、封闭保守。我们知道，农耕经济的生产方式主要是依靠劳动力与土地的紧密结合，它要求人们必须在相对固定的地区进行生产劳作。在这种相对固定的乡土条件下，稳定安居是农业社会得以发展的重要前提。这种以农业生产为主的经济方式，便养成了使得中华先民乐土安命的生活情趣。他们固守在自己的土地上，起居有定，耕作有时，追求的是一种安宁和平稳的生活环境。在这种相对稳定的生产生活环境中，人与人以及人与社会的联系，更多的是血缘性和地缘性的，因而人们便产生了对土地、对家乡浓烈依恋的情结，也逐渐形成了故土难迁、墨守成规的文化心理。因此，我们可以看到，中国历代的德治思想虽林林总总，但却很少有人能打破前人思想的传统，都是在先哲的基础之上加以推导和改造，故而形成了一脉相承的中国古代德治思想。

二是恪守传统、稳定务实。首先，长期的农业生产，养成了中华先民重实际、轻玄想的文化品格，形成了中华民族特有的一分耕耘一分收获的务实精神。人们在辛勤的劳作中渐渐领悟到一个道理，收获不是凭空而来的，不能靠运气，只能靠脚踏实地的劳动。因为经济活动中不能弄虚作假，只能用辛勤的汗水才能换来生存的果实。其次，因为农耕植作需要人们对种子、肥料、土地、气候等相关农业知识进行反复细致的观察和研究，需要年复一年的生产实践，需要对经验与常识的领会和运用。这些由经验得来的知识成了一代又一代人民进行生产必须依赖的知识资本。但是，这种由经验得来的知识却在一定程度上导致了我国历史上的封建崇拜与迷信。劳动者们普遍信仰“天不变道亦不变”的伦理准则，对自然现象格外敬畏，因为如果谁想要超越祖宗的传统与经验，就要冒生产上损失的风险，自己的生存也会受到威胁。故而，历代统治者们就牢牢把握了人们的这种心理，有时也把德治思想与封建神学相结合，在道德上不断地强化着尊祖训、守传统的治理思想。

三是守望相助、重义轻利。农耕经济的一个重要特点是自给自足。在这种经济特点下，聚族而居就成了中国传统农耕社会的一个突出选择。人们生产生活的区域具有很大的封闭性，人口也不会大规模流动，故很少能与区域外的经济文化进行交流。这就导致了同一地域内的亲族之间在生产生活中经常相互帮助，故“远亲不如近邻”的传统美德也深深在人们心中滋长。这种守望相助的农耕文化蕴意和因此而产生的以“义”为代表的伦理思想，也培养了中华民族善良乐观、诚实守信、重情轻利的优良品质。所以说在中华民族道德观念里，故有“君子喻于义，小人喻于利”之说。后来，无数先哲和统治者将这种“义”的精神加以发挥，把忠于国家民族的谓忠义；孝敬父母的谓孝义；善待家室妻子的谓夫义；路见不平、拔刀相助的谓侠义；济人危困的谓仗义；等等。总的来说，正是中国乡土社会中“义”的道德信仰的不断积淀和广大民众一代又一代对“义”的自觉践行，才有了源远流长、辉煌灿烂的中华文明。

因此，中国的历代君王都非常重视农业，把农业当作立国安邦的“本业”，并在农耕经济的基础之上大力扩展自己的德治实践。在中华民族的历史上，那些以农业为重的君王都得到了极高的评价。“禹、稷躬稼而有天下。”表明了古中原地区部落首领之所以能够统治天下，是因为其亲身参与农业实践，并积极发展农业。夏王为了发展农业生产，为农耕提供时间上的指导，总结并发明了并沿用至今的农历。商王也常常祈求降雨来获得好收成，并亲自到田间地头察看农作物的生长，受到了民众的拥戴。周人更是把农业生产放在首要地位，《史记》中称赞道：“务耕种，行地宜，……民赖其庆。百姓怀之；多徙而保归焉。周道之兴，自此始。”到了春秋战国时期，政治家们为了在激烈的战争中赢得生存空间，进行了一系列的政治经济制度改革，而这些改革几乎无不与促进农业生产联系在一起。商鞅“耕战”改革更是使得秦国力大增，为其建立统一的大秦帝国打下了坚实的经济基础。总之，在历史上把农业作为固国之本的君王不胜枚举，由此产生了一系列为农耕经济服务的德治思想。

三、社会伦理关系的影响

氏族社会是人类文明社会的必经阶段，其社会组织关系主要是依靠血缘纽带来维系的。一旦进入阶级社会后，血缘氏族组织便会被破坏。

但是由于我国特殊的地理条件和以农耕经济为主的生产方式，我国的氏族并没有像欧洲地中海沿岸国家那样遭到破坏。氏族社会遗留下来的血缘关系也没有随之解体，反而渐渐形成了一种特殊的社会组织形式，继续起着调节社会的作用。也就是说，古代的中国是在没有充分切断氏族血缘联系的情况下建立的，这就使得我国古代的社会制度渐渐演化成了一种以血缘关系为纽带的宗法制。

在中国古代的社会结构中，血缘是其宗法制度的核心，并由此造就了高度集权的封建制度和带有血缘温情的伦理规范。那么血缘宗法制度必定会导致对情感和人伦道德的重视，其在国家治理中发挥着重要作用。

首先，形成了家国同构的社会组织形式。“家国同构”是中国传统社会的特殊结构形式，这里的“家”是指夫妇共同生活所组成的人群最小单位，而“族”则是以夫妇组成的家庭为基础的血缘姻亲关系网，并有“三族”“九族”之说。我们知道，中华先民习惯于终身在一小块土地上进行农业生产，过着“日出而作、日落而息”“男耕女织”的生活。这样，从一个较小的地域开始，由家庭单位的血缘关系扩展出去便是族，再由族扩展出去便成为国。所以说，家是国的缩影，国是家的放大。正如“齐家、治国、平天下”的逻辑所展示的那样，国家的治理，是以家庭为基础的，以家的伦理道德为原型，推行于国，故又推行于天下的。在以血缘宗法关系所构成的社会结构中，是以家族作为整个社会关系的原型与模式的。对这种社会结构的原理，卢梭（1987）曾说过，一切社会之中最古老而又唯一自然的社会，就是家庭……我们不妨以家庭为传统社会原始的模型，首领就是父亲的影子，人民就是孩子的影子。总之，血缘的原理不仅是家庭的原则，而且能够上升、扩充为整个社会关系的原则。家庭的伦理规范在家国之间起关键性的桥梁作用，“家”也为“国”的至上性提供了重要的保障。可以说，中国古代政治的根本特征是以血缘关系为轴心，通过宗法原则建立起来的家国高度一体化的伦理政治。即以伦理秩序为政治本体所建构而成的家国同构的政治管理结构，或者说，“国”在更大的范围内重复着“家”的构想。总之，在家国同构的社会政治伦理结构中，家庭、家族的伦理道德规范可以推广到全社会的经济、政治、文化等各个领域中，使之成为巩固封建社会秩序的最重要的思想武器。

其次，形成了以宗法为核心的亲疏原则。所谓宗法，就是以家庭为中心按血缘远近区别嫡庶、亲疏的法则。社会成员按照宗法的原则组织起来，一方面用自然血缘关系来确定人们的社会关系，另一方面又用自然血缘关系将人们紧紧连在一起。在宗法制度之下，社会结构以宗族为基本单位，每个社会成员依据与生俱来的血缘关系确定其在宗族中的位置，而宗往往在这个体系里占有重要的位置。《白虎通·宗族》中载："宗者，何谓也？宗者，尊也。为先祖主者，宗人之所尊也。"《礼》中又说："'宗人将有事，族人皆侍。'古者所以必有宗，何也？所以长和睦也。大宗能率小宗，小宗能率群弟，通其有无，所以纪理族人者也。"所以说，宗一般来说是家族里的男性家长或族主，其承担着治理宗族内部所有要务的责任，家族由此形成井然有序的血缘、伦理、政治的宗族体系。

一是父权统治。在中国古代的宗法观念里，父亲也即是宗主，掌握着家庭中一切的权力。首先，宗主掌握着祭祀的权力，无论祭祀规模大小如何，都必须由宗主主持，以表敬宗睦族之意。其次，宗主掌握着财产权。《仪礼·丧服》中载："异居而同财，有余则归之宗，不足则资之宗。"（毕研哲，2015）这说明了同宗同财，应该相互扶持，以使整个宗族内部能和谐和稳定。再次，宗主掌握着主事的权力。无论族中发生什么事情，都必须告诉宗主，宗主也具有处理相关事情的权力和职责。最后，宗主享有特权。这里主要指享嗣、享祀与享禄诸权利。享嗣指宗主若无后必为之置后；享祀则指宗主的儿子死后，族人为之服齐衰三月，其母与妻同享此礼；若宗主之子幼殇则也以成人礼葬祭。总之，对于一般家族成员来说，他们很少有个人的权利，其所有权益几乎全部归属于血缘宗族，由父亲或宗主代表。

二是嫡长子继承制。在我国古代，宗族的财产和社会地位只有嫡长子才能继承，历代皇位承传也是"立嫡以长不以贤"。而且，男子在农业生产中的重要地位使得重男轻女观念十分浓厚，如若没有男子继承家业就被视为最大的不孝。这反映了宗法制对血缘关系的高度重视和森严的等级观念，这种以道德和伦理为特性的品质，在一定程度上也避免了人们因为争夺财产而自相残杀，进而也保证了家庭与社会的稳定。

三是戒淫崇孝。从血缘的关系上来说，两性间的淫乱会破坏家族纯正的血缘，这样不仅搅乱伦理关系，也使得社会秩序难以稳定，故中国传统文化中就把淫视为万恶之首。与恶相反的另一端“善”则以“孝为先”，孝道在家庭、伦理、社会、政治乃至整个中国文化传统中居于核心地位。孝与生育子女，延续祖宗血脉密切相关，所以孟子说：“不孝有三，无后为大。”《孝经》则认为孝“始于事亲、中于事君、终于立身”，故将其列为百善之先。从功能上讲，孝又可以扩大为忠，故历代统治者均提倡以孝治天下的德治理念。孝可以扩展到“天、地、君、亲、师”，形成一个亲戚、族人、同乡、师长、朋友的社会关系网，构成中国封建时代人际关系的基本模式。家族关系中以父子关系为核心，衍生出夫妇、君臣、师生、官民等关系。家庭本位成为中国宗法社会的最大特质。中国传统父子关系是一种权威与服从的关系，由此引申出的各种社会人际关系无不具有服从品格，这种品格维系着家族制度长期不变，也维系了中国社会结构的阶层体制长期稳固。

四是以君王为尊的专制伦理。在宗法家族关系里，是以父权和宗主作为核心的。把家族中的父权制度扩大到国家中，那就是“君临一切”“朕即国家”的政治理念和政治结构。在家庭中，父亲决定一切；在国家中，便是君王决定一切。妻儿要绝对服从作为一家之长的父亲或丈夫，臣民要绝对服从唯我独尊的君王。这是因为人民把宗法制度里对祖先的崇拜，对长辈的孝道，对家长的服从，转移到对君主的崇拜、忠顺和服从。在这里，君王的形象是集长辈和家长于一身的，君王同时拥有父权和王权两种权利。

故而，在中国历史上的圣君明主都比较重视自身的德行和修养，因为他们能够意识到自己的道德修养对臣民有巨大的影响，任何好的或者不好的风尚都会从自身这里扩散开去，对整个社会的稳定和发展产生重大的影响。另外，由于我国古代社会是以血缘关系为基础产生家国结构的，统治者都比较愿意采用封建的伦理道德规范来控制臣民的行为，来治理国家。《孝经》中载："君子之事亲孝，故忠可移于君；事兄弟，故顺可移于长；居家理，故治可移于君。"也就是说，当家族中的"事亲孝""事兄弟""居家理"等道德伦常，上升到了国家的普遍规范时，统治者就会采取一系列措施来确立以血缘宗法关系为核心的社会结构，在政治上明确等级尊卑关系，以此作为其维护统治的最有效手段。

第二节 中国古代德治思想的萌芽

一、唐尧的德治思想

唐尧是中国古代传说中的圣王，上古五帝之一，是位贤明的君主。他的本名叫放勋，他成年后被推举为陶地的首领，后又带领其部落迁往平阳，故称陶唐氏。尧帝出生于伊祁山，故也姓伊祁，死后"尧"成为其谥号，故史称唐尧。

相传唐尧的父亲是帝喾，母亲为陈锋氏女。帝喾是黄帝曾孙，在位七十余年，卒后把帝位传给了他的另一个儿子挚。但是挚即位之后的九年时间里，沉迷享乐、为政不善，故而被各国诸侯废除，后来大家都一直拥戴唐尧做帝国的首领，造就了这样一位"其仁如天，其知如神"的伟大帝王。

尧帝可以说是我国远古圣贤以仁德治理天下的发源和开端。他能够真正顺应自然规律对国家进行管理，并且能以"德、善"来治天下之政。他处理政务时谨慎明达、文雅有谋，而且为人温和，待人诚恳宽厚，十分体恤下属。尧帝在位的几十年间，把国家治理得井井有条，政绩显赫，得到了人民的拥戴。正如《史记·五帝本纪》所载："其仁如天，其知如神。就之如日，望之如云。贵而不骄，富而不舒……能明驯德，以亲九族。九族既睦，便章百姓。百姓昭明，合和万国。"由此可知，尧帝为政注重明德和睦、仁慈爱人，其德治思想主要有以下几个方面：

（一）克明俊德，修身治国

《尚书·尧典》中曰："克明俊德，以亲九族。九族既睦，平章百姓。百姓昭明，协和万邦，黎民于变时雍。”（严斯信，2010）从古书所载的这段文字可以看出，尧帝能够发扬和彰显个人的美德，使家族内部变得亲密和睦。既然家族已经和睦了，就能够去辨明百官的能力和职责。任用善良贤能的百官，各诸侯国也就协调和顺，于是黎民百姓就变得和谐友善起来。

尧帝德治思想的基础就在于“克明俊德”。“克明俊德”可以说是我国古代德治思想的源头，它与“大学之道，在明明德，在亲民，在止于至善”有共同之处，又是“修身、齐家、治国、平天下”的政治理念雏形。它要求我们的统治者通过个人内在的道德修炼，先明自身之德，再明家族之德，循此以推，逐渐扩大人群范围，最终达到家、国、天下在德治上的统一。

尧帝非常重视个人的身心修养和道德锤炼，希望通过自身道德品质的彰显，去影响文武百官、去感化黎民百姓，从而达到治理国家的目的。尧帝平时衣食节俭、态度温和、待人诚恳，并且十分体恤下情，能够广泛听取各方的不同意见。在政事上，尧帝能恪恭天命，率先垂范，谨躬职守，绝不懈怠，能以饱满的热情去处理纷繁复杂的国家政务。正是在尧帝盛德感召之下，华夏大地上才有了淳朴的远古民风，国家和民族内部才建立起了和谐的人际关系。

（二）知人善治，广纳谏言

在远古时期，农业生产是关系到社会稳定与发展的最重要的工作之一。尧帝在位时，曾任命对天文、历法比较有研究的羲氏兄弟以及和氏兄弟负责管理农业方面的事务，并要求他们观测日时、记录节气，谨慎地教导百姓按照季节的变化从事农业生产。他命令羲仲居住在最东边的嵎夷，管理春季的农事；命令羲叔居住在南方边境之地，管理夏季的农事；命令和仲居住在最西端的昧谷，管理秋天的农事；命令和叔居住在北方幽都之地，管理冬天的物资储备。羲、和两族根据日月星辰运行等天象和自然物候来推定时日，测定了四季；又以月亮一周期为一月，太阳一周期为一年，将一年定为三百六十六天。这是有记载的我国最早的天文历法，奠定了我国农历的基础。

尧帝当政时，黄河下游泛滥成灾，洪水把山陵都吞没了。百姓颠沛流离，四处漂泊，生活十分痛苦。风雨飘摇的古国迫切需要一位能控制洪水的人出现。于是，尧帝就向大臣征求意见，大臣们都一致推荐鲧。当初举荐鲧，尧帝是不同意的，他认为鲧这个人桀骜不驯，不服从命令并且危害族人。但大臣们一再坚持，都说鲧才能出众，让他试试。尧帝才采纳了这个的意见，任用鲧去治理洪水。结果鲧采用了筑堤防洪的办法，治水九年也没能把水害治理好。后来，鲧被治罪，囚杀于羽山。可见尧帝在用人上是颇具眼光的。

尧帝治理国家讲求民主，从不独断专行，并且十分愿意倾听百姓和大臣的意见。据《吕氏春秋·自知》记载："尧置敢谏之鼓，使天下得尽其言；立诽谤之木，使天下得攻其过。"所谓"敢谏之鼓"就是指只要臣民有急事和意见需要陈述，都可以击鼓上堂求见；无论哪里的臣民，一旦发现尧帝有错误，就可以站在木柱的旁边，指责尧帝的过错，故为"诽谤之木"。尧帝作为一国之君能设谏鼓谤木来听取政策建议和百姓的批评，是难能可贵的。大多数人都喜欢听到赞扬自己的话，"闻过则喜"之人却是少之又少。正所谓"金无足赤，人无完人"，作为一个执政者，就应该广泛诚恳地听取百姓或者下属的真实意见，并勇于改正自己的错误，完善自己，才能更好地造福百姓，建设国家。

（三）禅位访贤，不亲其子

原始社会父系氏族公社晚期，按照军事民主制的传统，要担任部落联盟最高军事首领，必须通过一定的仪式。一般是由各个部落首领共同推举或承认，才能确定其为最高军事首领，这就是古代传说中的禅让制度。尧帝执政的几十年间，举贤任能，为了治理好国家，曾经多次访贤问能，希望找到贤能的人来继承自己的帝位。下面两则历史传说就足以说明他对贤人孜孜不倦的追求。尧帝曾经亲自去请在箕山隐居的许由，让他出任九州之长。尽管尧帝一再劝说，许由都不愿做官。《庄子·逍遥游》中载："尧让天下于许由，曰：'日月出矣，而爝火不息；其于光也，不亦难乎？时雨降矣，而犹浸灌；其于泽也，不亦劳乎？夫子立而天下治，而我犹尸之；吾自视缺然，请致天下。'许由曰：'子治天下，天下既已治也；而我犹代子，吾将为名乎？名者，实之宾也；吾将为宾乎？鹪鹩巢于深林，不过一枝；偃鼠饮河，不过满腹。归休乎君，予无所用天下为！’”虽然尧帝诚心想把自己的王位让给比自己贤能的人，但是许由却感尧帝的丰功伟绩，坚决不受。从此之后，尧帝对贤人的追求更是到了如饥似渴的地步。尧帝和大臣放齐一起，披星戴月，一路寻踪觅迹，到渭水拜访了见多识广、知识渊博的伊蒲子。当尧帝一见到正在钓鱼的伊蒲子时，就双手合十，长跪于地，说：“尧竭诚拜见贤士，远道而来，恳请不吝赐教。”伊蒲子赶紧扶起尧帝，说道：“人都说尧帝仁德，看来半点不假。为了继承仁政，你遍寻贤人，意欲禅让。只可贤德的人才却一时难以得到。尧帝为天下苍生焦虑忧心，令人感动啊！”尧帝坦诚地说：“先生说得非常正确。我已经执政七十年了，近年来却天灾人祸不断，所以急于寻访贤能，委以重任，以早日使百姓免遭灾难，恳请先生指点迷津。”伊蒲子说：“尧帝不要过于焦虑，贤人不久就可得到。”说完从衣袖里掏出一张卷羊皮，双手递给尧帝，并嘱咐道：“望好好收藏，不日便可应验。”然后打个拱手，便扬长而去。

尧帝八十六岁时，走到了其执政的晚期，为了能让贤能之人继任自己的位置，多次征求部落首领和大臣们的意见，并主动提出来禅让帝位。他让四岳（四方诸侯）推荐人选，四岳说尧帝的儿子丹朱开明聪慧，可继承帝位。尧帝却认为自己的儿子丹朱心性顽劣，好口舌之争，并无多少德行，难以堪此大任。然后，灌兜说：“共工能广泛地聚集人民大众，开展各项事业，可以任用。”尧帝却说：“共工这个人喜欢说漂亮话，行动却很浮夸。办事无能，外表恭敬，内心骄纵，对上天不敬。”不过后来还是有人坚持让共工管理工程建筑，共工果然骄纵邪恶，没有做出什么政绩。尧帝又谦让四岳继承自己的帝位，四岳却说自己的德行浅薄，无论如何都不能够和尧帝相提并论，恐怕有损于国家，不能够担此重任。最后，尧帝一再坚持要四岳推荐一个德才兼备的人，无论他身在显贵之中，还是隐伏在偏僻疏远的社会下层，只要能够治理好这个国家就可以。四岳便推荐了一个叫虞舜的人。《史记·五帝本纪》载：“尧曰：‘然朕闻之，其何如？’岳曰：‘盲者子。父顽、母嚣、弟傲，能和以孝，烝烝治，不至奸。’尧曰：‘吾其试哉。’”这说明了尧帝对虞舜的孝德还是有所了解的，但他并没有轻易将国家交给虞舜，而是谨慎地对虞舜进行了一次又一次的考察和培养。

（四）考察贤明，“辟位”摄政

在初步确定舜为帝位继承人之后，尧帝主要从以下方面对其进行了培养和考察：

首先，尧帝把自己的两个女儿娥皇、女英嫁给舜，通过家庭生活去观察舜的道德品质。众臣推举舜，是因为舜具有美德，孝顺父母，友爱兄弟，这是做到了“修身”，至于是否做得到“齐家”，就必须通过自己的两个女儿去加以考察。舜从不骄纵娥皇、女英，并让她们放下架子，居住在沩汭内时，两个妻子遵守做媳妇的礼节。因此，尧帝“善之”，对舜感到非常满意。同时，尧帝还让自己的九个儿子与舜相处。尧帝的儿子因受舜影响，也变得真诚、纯朴了。

其次，尧帝为了磨炼舜的行政经验，让其历试百官。尧帝先让舜担任司徒，司徒之官掌教育之职。舜慎重推行父义、母慈、兄友、弟恭、子孝五常之教，使学子都能遵从五常之德。之后又让舜历试百官，而舜所任百官的职事，都做得有条不紊。接着他又让舜在明堂四门担任迎接四方来朝诸侯的工作，结果是“四门穆穆（四门的官吏都待宾客庄重亲善），诸侯远方宾客皆敬”。尧帝磨炼继任人可谓用心良苦，舜被众臣推举，是由于他的慈孝美德，但他在处理政事方面却毫无经验，所以尧帝要让舜历试百官，吸取各种行政经验，并与诸侯建立良好的关系，为日后担任帝位奠定基础。

最后，尧帝让舜总理一切冢宰事务，祭祀鬼神，国家因此风调雨顺。尧帝又派舜进入山野、丛林、大川、草泽，就算遇上暴风雷雨，舜也没有迷路误事。在考验了三年之后，尧帝认为舜十分聪明，而且很有道德，便将自己的帝位禅让于舜，让他“摄（代理）行天子之政”。舜却谦让给有德之人，不肯继承帝位。最后舜同意摄位，暂代帝职，于正月的吉日，在尧帝的太庙摄位暂代。在尧帝退位后的几年时间里，他仍“观天命、察民心”，看舜继帝位是否被天、人接受。同时，他为舜治国出谋划策，最终将舜培养成称职的帝位继承人。

二、虞舜的德治思想

舜帝姓姚，名重华，因建国于虞，故称为虞舜或有虞氏。《史记》中载：“舜年二十而以孝闻，年三十尧举之，年五十摄行天子事，年五十八尧崩，年六十一代尧践帝位。”舜大约于公元前 2151 年开始从政，并于公元前 2123 年践行帝位，并于三十九年后巡守南方，死于苍梧之野。舜帝是一位道德大家，“德自舜明”“天下明德皆自虞帝始”，都是对舜帝道德思想的高度评价。可以说，舜帝是中国道德思想文化发源的始祖之一。

（一）以德立身，以孝闻名

《史记》中载：“虞舜者，名曰重华。重华父曰瞽叟，瞽叟父曰桥牛，桥牛父曰句望，句望父曰敬康，敬康父曰穷蝉，穷蝉父曰帝颛顼，颛顼父曰昌意。以至舜七世矣。自从穷蝉以至帝舜，皆微为庶人。”根据这段记载可以看出，虽然贵为帝颛顼的后裔，但到了穷蝉之后，已经不再是贵族，都是一般的平民百姓，处于社会的下层。舜的家世寒微，境遇也非一帆风顺。舜年轻的时候为了生计，到处奔波，过着颠沛流离的生活。他在雷泽捕过鱼，在黄河之滨制作过陶器，在寿丘制作过家用器物，还到负夏等地做过小本生意。

舜的父亲名叫瞽叟，是个盲人，愚昧无知，母亲则很早就去世了。后来瞽叟续娶，继母为他生了个儿子，名叫象。舜的继母不通情理，其弟弟象也桀骜不驯。父亲、继母、弟弟总是联合起来，想置舜于死地。舜却没有因此而满腔怨恨，反而大行孝道，谨慎行事，孝顺父母，友爱兄弟。当他们想加害舜时，舜总是避而不见；而当父母兄弟需要帮助的时候，舜又总是服侍在他们身旁。可以说，舜身世非常不幸，生活在了一个“父顽、母嚣、弟傲”的家庭环境里。面对如此恶劣环境，舜没有怨天尤人，反而展现出了非凡的品德，展现出了其处理家庭关系的良好能力。因此，舜在其青年时期，就因为孝德闻名。

（二）才干卓越，以德齐家

舜的事迹很快就传遍了华夏大地，自然也传到了统治者尧帝的耳里。在舜三十岁那年，尧帝向四岳征询其继承人的人选，四岳就推荐了舜。后来，尧帝也认定了这个继承人，并将两个女儿嫁于舜。舜不仅使妻子与全家和睦相处，而且在各方面都表现出卓越的才干和高尚的人格力量。舜在历山耕种，辛勤劳作，历山的人们都感其德行，渐渐兴起了礼让的风尚；舜带领人们制作陶器，周围的人也都认认真真、精益求精，把陶器做得精致美观。舜所到之处，人们都愿意追随，因而有了“一年而所居成聚，二年成邑，三年成都”的美誉。

舜的才能和功绩得到了尧帝的赏识。因此，舜得到了丰厚的赏赐，还有了自己的房子。舜得到了这些赏赐之后，瞽叟和象却非常嫉妒，他们想杀掉舜，霸占这些财物。于是，瞽叟找了个借口让舜修补仓房的屋顶，却在下面放火焚烧仓房。幸而舜及时发现，靠斗笠作翅，从房上跃下，逃过一劫。后来瞽叟又让舜挖井，井挖好之后，瞽叟和象却在上面填土，欲将舜活埋。幸而舜事先警觉，在井旁挖了一条道，从道中穿出，躲过一难。瞽叟和象自以为阴谋得逞，便瓜分了舜的妻子和财物。后来，象住进了舜的房子，舜去见他，象异常吃惊，非常不高兴。舜却一点也不放在心上，不仅一如既往地孝顺父母、友爱兄弟，而且比以前更加诚恳谨慎。

（三）罚失远佞，宽严相济

舜帝作为一名德行高尚的君主，首先制定了宽缓的刑罚。他用流放代替刺字、割鼻、断足、阉割、杀头等严酷刑罚。如若犯罪应用鞭子施刑的，可以用黄金来赎罪；因自然灾害而造成过失的，应予以赦免；怙恶不悛、屡教不改的再施以重刑。其次，惩办罪失之人。灌兜用共工做工师，共工却放纵邪僻，灌兜举荐共工，在用人上有失职之嫌。于是舜请示尧帝把共工流放到幽陵，灌兜流放到崇山。鲧治理洪水多年没有成效，舜认为其办事无功便是过，也对其进行了惩罚；三苗在江淮流域一带多次作乱扰民，舜认为应该严惩。后来，三苗迁徙到三危山，鲧被流放到羽山。通过对这四个罪人的惩办，使天下人都心悦诚服。最后，流放四凶族。舜在任四门之职时，对作乱行凶的四族进行了流放。四凶族分别是指“掩义隐贼，好行凶慝”的黄帝的后代混沌；“毁信恶忠崇饰恶言”的少嗥氏后代穷奇；“不可教训，不知语言”的颛顼后代梼杌；“贪于饮食，昌予货贿”的饕餮。四凶族被流放后，四门畅通，诸侯来朝，社会也更加稳定。

（四）亲贤用能，用礼劝世

舜为君治政以仁爱贤德闻名于天下，《尚书》及《史记》中均有记载。在即位之初，他便首先与四方诸侯之长进行沟通：“询于四岳，辟四门。”目的是“明四目，达四聪”，对于四方的政务，详细倾听四岳的意见。接着又“咨十有二牧”，即访问十二州的长官，并告诫他们：“食哉惟时！柔远能迩。淳德允元，而难任人”，“惟时亮天功”。舜帝认为君主应当遵守天时，不能妨碍农民的耕种。让黎民百姓都有饭可食，有衣可穿。所以，为政务之道在安民，不仅要使远方之人得到安抚，还要让亲近之人能展其才能。舜帝认为，要培养人民淳厚的品德，要坚决拒绝任用那些只会花言巧语的奸佞之人。所以他对禹说：“若丹朱傲，维慢游是好，毋水行舟，朋淫于家，用绝其世。予不能顺是。”而舜帝又效仿尧帝设立“谏之鼓”的做法，置“谤之木”。故有“诸众谗嬖臣，君德诚施皆清矣。谤之木”。意思是让臣民将意见刻在木板上，向自己提出来。在任用官员上，舜帝比较重视德才并重。

首先，舜帝大胆举用“八恺”，用“八元”。“昔高阳氏有才子八人，世得其利，谓之‘八恺’。高辛氏有才子八人，世谓‘八元’。此十六族者，世济其美，不陨其名。至于尧，尧未能举。舜举八恺，使主后土，以揆，莫不时序。举八元，使布五伦于四方，父义、母慈、兄友、弟恭、子孝，国平外成。”其次，舜帝对任用官员谆谆教诲。舜帝在任命龙为纳言官时说：“听下言纳于上，受上言宣于下，必信也。”舜帝要求“工以纳言，时而扬之，格则承之庸之，否则威之”。也就是说，作为纳言官要广泛听取民众的意见，这是做官者必须遵守的信条，否则要受到惩罚。舜帝又对契说：“百姓不亲，五品不逊。汝作司徒，敬敷五教，在宽。”大意是说，天下百姓不相亲睦，尊卑五品不能和顺。你做司徒，务必将五常之教布告天下，法令务必宽缓。舜帝接着对皋陶说："蛮夷猾夏，寇贼奸宄。汝作士，五刑有服，五服三就。"意思是过去蛮夷戎狄扰乱华夏，又有强寇劫贼及外奸内宄，为害甚大。你做士官治理，能详其情，致之以五刑之罪，使受罪者心服口服。犯五刑者，于三处就而杀之。舜帝对夔说："命汝典乐，教胄子，直而温，宽而栗，刚而无虐，简而无傲。诗言志，歌永言，声依永，律和声。八音克谐，无相夺伦，神人以和。"大意是：我命你典掌乐事，以诗乐教导世长子，使此长子正直而温和，宽宏而庄栗，刚毅而不苛虐，简易而不傲慢。诗言人之意志，歌咏其义以长其言。乐声依此长歌为节，律吕和此长歌为声。八音皆能和谐，无令相抵触，如此则神人和谐矣。最后，不传其子。舜帝在年老的时候，认为自己的儿子商均不孝，就确定了威望最高的禹为继任者，并由禹来摄行政事。故舜帝与尧帝一样，都是禅位让贤的圣王。从以上所引，我们可以看出舜帝的为政理论，就是：以德服人，以礼劝世，以刑治国，亲贤远佞，使神人和谐。

由于舜帝选贤举能，用人不疑，并注重考察，故百官皆尽职尽责，"远近众功咸兴"。史载舜帝时百官尽贤能："皋陶为大理，平民伏得其实；伯夷主礼，上下咸让；垂主工师，百工致功；益主虞，山绎群；弃主稷，百谷时茂；契主司徒，百姓亲和；龙主宾客，远人至，十二牧而九洲莫致辟违；唯禹之功为大，披九山，通九泽，决九河，定九洲，各以其职来立，不失厥宜。方五千里，至于荒服……四海之内咸戴帝舜之功。"总之，在舜帝的治理下，社会一派祥和，传说连凤凰也飞来随乐声盘旋起舞。舜帝在位的几十年里，励精图治，不仅用心修订历法，还注重祭祀天地四时、考察民情。他每五年到各个地方巡狩一次，以考察诸侯政绩，并注意与地方的联系，加强了对地方的统治，故天下清明的德政从舜帝开始。

三、大禹的德治思想

禹帝名文命，姓姒氏，据传出生在今四川省西北部的北川县禹里羌族乡。因禹是夏后氏的部落首领，号夏后氏，亦称夏禹、大禹。禹帝是中华民族史上一位具有雄才大略的人物，是上古时期的圣王。《史记·夏本纪》载道："禹之父曰鲧，鲧之父曰帝颛顼，颛顼之父曰昌意，昌意之父曰黄帝。禹者，黄帝之玄孙而帝颛顼之孙也。禹之曾大父昌意及父鲧皆不得在帝位，为人臣。"由此可知，禹是黄帝后代，其父亲就是治水不力被舜帝治罪的鲧。后来禹被舜帝举为司空，代替鲧去治理水患。禹身先士卒、不辞辛劳，在治水方面取得了巨大的成功。禹帝在处理政事上面极其贤能，又能得天下诸侯拥护，故受舜帝禅让，继其帝位，成为黄帝时代的第七任帝。禹帝从政五十余年里，鞠躬尽瘁，死而后已，将自己的一切都奉献给了华夏大地上的人民。禹有高尚的品德，仁爱可亲、勤勤恳恳、庄重严肃，堪称百官的典范。史称其："为人敏给克勤，其德不违，其仁可亲，其言可信；声为律，身为度，称以出，亹亹穆穆，为纪为纲。"

（一）治水显功，德彰四方

在尧舜统治时期，华夏大地洪水滔天、江河泛滥，人民深受水患之害。禹的父亲鲧受命治水，却只会采用堵的办法，经过九年努力，功而不成。后来，禹继承了父业，他立下大志，决心要征服洪水。禹作为一位千古圣王，并没有一味蛮干，而是认真地总结了前人及其父治水的教训。禹认为前人治水，年年修堰围堵、筑堤截堵，但每次都被洪水吞没。于是，他同契、后稷、皋陶三位氏族首领商量，认为应该根据水流规律，因势利导，改堵为疏，使水流畅通。他率领人民把主流加深加宽，使水由地中行，行有所归。而后又引导支流注入主流，并广开渠道，无水地区又可耕作。这样水患渐渐得以消除，人民得以安居乐业，国家得以繁荣富强。

禹作为治理水患的领导者，取得了巨大的成功。而这一切不仅因为禹采用了正确的治水方法，更因为其具有身先士卒、不畏艰险的豪情，故能以崇高的道德品质和人格魅力去感染参与治水的臣民。禹一心为公，总是率先拿起治水工具，亲身参加劳动，给参与治水的人做出了榜样。相传禹为了完成治水重任，在自己新婚不久便辞家而去，率领人民凿龙门、辟伊阙，治水长达十三年。禹治水十年如一日，披星戴月，栉风沐雨，他穿的是破烂的衣服，吃的是最普通的食物，住的是最简陋的房屋，带头干最苦最累的活。在治水期间，他渐渐消瘦，腿上的汗毛磨光了，手脚都结了厚茧。不仅如此，禹还公而忘私，自己的孩子启诞生时都没回去看过一眼，“三过家门而不入”的感人事迹至今被传为佳话。禹之所以能建立如此宏大的功业，是与他时刻严格要求自己，一心为政事殚精竭虑，一意为人民劳苦用心的高尚品德分不开的。

（二）治国养民，安定九州

禹不仅是一位德行高尚的圣王，也是一位才能卓越的政治家。禹为了让国家不断地富强和壮大，在治水害的同时大兴水利，发展生产。他每到一个地方治理水患，便主动团结当地氏族部落酋长，并帮助和引导百姓发展渔业、种植业，大兴水上运输，打通各个部落之间的交通障碍。在禹的领导下，各个地方的地方政权渐渐完善，社会逐渐稳定，人民安居乐业。后来，参加治水的部落越来越多，禹的声名传遍天下，许多部落都称赞他的功劳。舜帝为表彰禹的丰功伟绩，召集各氏族、部落酋长开庆功大会，赐给他象征丰功伟绩的黑色玄圭。

禹帝建立了中国历史上第一个王朝——夏朝，为了巩固以夏族为中心的领导集团的利益，禹帝制定了一系列政治措施来加强自己的统治。首先，“众土交正，致慎财赋，成则三壤，成赋中国”（《史记·夏本纪》）。禹帝为了使人民的赋税相对合理平均，采取了按土地等级交纳赋税的政策。禹帝率人勘察各地土地情况，根据每一地方所出产的物品及水陆运输条件决定征收多少贡赋。其次，禹帝根据各地距国都的远近、开化程度等具体情况来确定其对天子应尽的职责、义务，并实行不同的统治措施。禹帝以五百里为一服，由近及远划为甸服、侯服、绥服、要服、荒服五服。“令天子之国以外五百里甸服：百赋纳忽，二百里纳铚，三百里纳秸服，四百里粟，五百里米；甸服外五百里侯服：百里采，二百里任国，三百里诸侯；侯服外五百里绥服：三百里揆文教，二百里奋武卫；绥服外五百里要服：三百里夷，二百里蔡；要服外五百里荒服：三百里蛮，二百里流。”（《史记·夏本纪》）最后，禹帝为了加强夏王朝的统治，到南方巡视时，在涂山与诸侯相会，史称“涂山大会”。在这次大会上，禹帝把各方诸侯部落酋长们送来的青铜铸成九个鼎，象征统一天下九州，也是中国被称为九州的典故由来。

（三）知人纳言，为政重德

禹帝认为如果想要平治天下，就必须广泛地听取臣民意见、明辨是非、赏罚分明。《史记·夏本纪》载道："帝位之时，布同善恶则毋功。"禹帝认为若不实行道德，不分善恶地用人就不会有功绩。《尚书·皋陶谟》中曰："帷帝时举，敷纳言，明庶以功，车服以庸，谁敢不让，敢不敬应。帝不时，敷同日奏，罔功。"意思是说，要举用贤能，广泛听取百姓的意见，并根据为政的功绩，对官吏进行考察，赐予车马服装，表彰其功德。这样，谁敢不相互谦让？谁敢不恭敬地应和呢？如果不能举用贤能，好人坏人同样任用，就不会取得成功，也不能治理好国家。《尚书·皋陶谟》记禹帝之言说："知人则哲，能官人。安民则惠，黎民怀之。能哲而惠，何忧乎瓘兜？何迁乎三苗？何畏乎巧言令色孔壬？"也就是说，能了解人就是明智，就能恰当使用人才；能安抚民众就是仁惠，黎民百姓都会爱戴你。既能了解人，又能安抚民众，还忧虑什么瓘兜，何必流放三苗，何必害怕花言巧语、伪善谄媚的小人呢？

不仅如此，禹帝还非常愿意听取百姓们的意见。禹帝在继位之后，怕自己的道义不能彰显，处理政务不能尽善尽美，对百姓的隐患忧虑不能完全知晓，讼刑案审理未必能及时处理，故而效仿尧帝"谏鼓谤木"之法，在门外悬挂钟、鼓、磬、铎、鞀五种乐器，史称"揭器求言"。他对臣民说："有来告寡人以道者，则击鼓；谕以义者，则击钟；告以事者，则振铎；语以忧者，则敲磬；有狱讼者，则摇鞀。"这样，禹帝只要听见哪件乐器响，就知道来者要反映哪一方面的问题，提哪一方面的意见。禹帝对待所有的来访者都是全心全意，达到了"一馈而十起，一沐三握发"的地步。也就是说，只要有人来反映问题或者提建议，禹帝可以在吃一顿饭时站起来十次，在洗头时也能三次手握湿漉漉的头发与人交谈，绝不怠慢。这种崇高的德行为后世的君王做出了表率，成为千古传诵的佳话。这也告诉我们一个道理，作为一名执政者就必须要广泛地听取百姓的意见，了解人民的生活情况，这样才能弥补政治措施上的不足。总之，正是由于禹帝善于纳谏、了解民情，因而被后世尊为贤君。纵观中国历史，许多君王都把纳谏作为自己政治统治得以长久稳固的重要措施之一，因为民众的心声与统治者能否意识到民意是关系到百姓切身利益和人心向背的大事，是直接影响到政治统治能否巩固的要害问题。

（四）恩威并施，德化天下

禹帝在巩固夏王朝统治的过程中，还特别重视恩威并施，加强对民众的教化。传说西部有个部族叫有扈氏，好战而不愿服夏。禹帝先用兵去征讨，连续发动三次战争，有扈氏却仍不归顺。禹帝就改变了政治方针，采取一边用兵征服，一边用德政教化的策略，结果收到了良好效果，使有扈氏终于臣服于夏的领导。在江淮流域的东南地区有九个较大的部落，古称“九夷”，禹帝为了加强对这些地区的统治，几次出巡这些地区，传播中原文化和礼教，受到当地百姓的尊敬和礼遇。他向沿途的当地人询问习俗，鼓励农耕，告其农时，教他们播种五谷，教育部族酋长们要讲礼仪、明法度，不能以强凌弱，而是要友好相处。同时又宣布，对于那些不愿听取意见的，要用兵征讨，绝不客气。

禹帝是一位仁德广施的君主。有一次，他出门看见一个罪人，竟下车问候并哭了起来。随从说：“他干了坏事，您何必可怜他！”禹帝自我批评说，老百姓在尧舜统治的时都能够同心同德、相互友爱，到自己做了君主时，人心却不一样了，说这都是自己的罪过，于是很伤心。一方面，这说明禹帝还是比较强调德治的力量的，对用刑法的强制性治理感到惋惜。另一方面，禹帝作为一名君王敢于自责，体现出了其执政的素质和勇敢，这也是一种非常难能可贵的美德。同时，禹帝也很关心百姓的疾苦。有一次，他看见一个人为了生计把自己的孩子卖了，禹帝就帮这人把孩子赎了回来。见有的百姓没有吃的，禹帝就让后稷把仅有的粮食分给百姓，解决他们的生活困难。总之，禹帝在位的时候，时时刻刻都会想到百姓的利益，因而得到了百姓和部落首领的拥戴。

传说夏禹时代的有一位非常擅长酿酒的人，名叫仪狄。仪狄把自己酿的酒献给禹帝品尝后，禹帝感到十分甘美。然而禹帝认为，酒虽然很好，美味甘甜，不过后世之人却一定因为过分沉迷于它而导致国破家亡。因此禹帝渐渐疏远了仪狄，也不允许仪狄再来觐见他。同时，他还下令宫内官员一概不能饮酒。故而后来有人评述道：“禹王戒酒传天下，纣王酗酒失天下。”从这个故事中我们可以看到，禹帝为君谨小慎微，而且能够自律自制，明白做事情要有限度，如若要是超过了那个限定的度，必然会物极必反，产生不好的结果。

《尚书·皋陶谟》赞扬禹帝道：“惟德动天，无远弗届。满招损，谦受益，时乃天道。”也就是说，禹帝的德行可以感动天地，没有达不到的地方。骄傲自满会遭受损害，而谦虚谨慎便会得到益处，这是天之常道，是自然人伦的基本法则。《尚书·皋陶谟》中皋陶向禹帝阐述九德说：“宽而栗，柔而立，愿而恭，乱而敬，扰而毅，直而温，简而廉，刚而塞，强而义。”用今天的话说，就是宽厚而又威严，温和而又坚定，诚实而又恭敬，有才能而又小心谨慎，善良而又刚毅，正直而又和气，平易而又有棱角，果断而又讲求实效，强有力而又讲义气，这就是九德。

总之，原始氏族社会时期，氏族部落首领都是依靠自己的德行而“王”天下、用“德”来治理天下的，这是中国古代德治思想的最初表达。道德是中国上古原始氏族社会国家治理的重要手段，正是基于对这种古老无阶级社会道德力量的美好记忆，中国历代的君王发展和强化了上古先王们的政治理论，也为中国德治思想的产生奠定了丰厚的思想基础。

第三章　中国传统德治思想体系的基本建立

第一节　西周的“德礼”政治思想

一、西周德治思想的理论基础及来源

夏商时期，“天命”“天罚”的神权思想在意识形态领域占据了统治地位。殷商后期，随着商王朝国力的逐渐强盛，商王在政治统治上崇信鬼神、滥用武力，达到了无所不用其极的地步。商朝的统治者纣王更以自己有优越的血统自居，在统治方面忽视人民的存在而为所欲为。纣王一方面无时不卜、无事不卜地承受天命、发布王命，进行神权统治；另一方面认为自己是上天的子孙，拥有天命而肆无忌惮地屠杀无辜、残害忠良，最终招致天下怨叛、众离亲别，落了个兵败、自焚、亡国的下场。

西周建立以后，原本方圆百里的“小邦周”面临着如何对“邦畿千里，肇域彼四海”的“大国殷”进行统治的严峻问题。面对这样一个政治难题，以周公为代表的周初统治者们表现出了卓越的政治智慧，他们认为必须通过某种方式给新生政权的合理性、合法性找到理论依据，并提出自己的治国方略和指导思想，才能使西周政权得到巩固，达到长治久安的目的。他们对夏商兴亡的历史及姬周兴起的历史进行了深入的考察，认为商的灭亡是与上层统治者倒行逆施、暴虐万民息息相关的。商纣之所以失去统治的根基，是因其失去了民心。而这一切，都是殷商时期过分推行神权统治的结果。

在殷人心目中，“天”“帝”是他们思想意识中最为重要的概念。

"天""帝"远离人间世俗，为现实世界的一切事物及行为提供合理性、终极性的依据。它超越了自在自然的本色意义，在社会、政治生活中有着至高无上的统摄力量。因而，他们对"天""帝"等外在神权怀有一种神秘的敬畏感，"敬天事鬼""崇奉上帝"的思想占据着他们的头脑。殷人对"天""帝"等外在神权的无限信仰，致使整个社会呈现出一种盲目依恃天命、听之任之的惰性。上古文献中殷人酗酒成风、纵于游猎、骄奢淫逸的记载，即反映了其忽视人事进取精神的历史事实。后来殷亡周兴，剧烈的社会变革使殷商时期颇具迷信色彩的这种原始"天命神权"观念面临着巨大的挑战。

与此相反，周公在事文王、辅武王灭商的实践过程中，逐渐感知"帝"对社会兴亡治乱是鞭长莫及的，民众及其人心向背，才是社会兴亡治乱的关键所在。没有民众的鼎力支持，"小邦周"的生存都无法持续，更不可能一举灭掉"大邑商"。但是，面对着当时神权思想根深蒂固的历史现实，西周统治者不能把神权思想推倒重来，必须以一种新的天命神学观来进行统治。故而，西周初年的统治者在总结和吸取殷纣亡国的沉痛教训的基础上揭示了以"以德配天""敬德保民""明德慎罚"为主要内容的德治思想。

二、西周德治思想的主要内容

（一）以德配天

夏商虽因推行神权政治而最终灭亡，但由于其厚重的神权文化底蕴的存在，使得西周统治者在意识形态上不可能与"天"彻底决裂，而必须对其予以改造和发展。虽然西周所宣扬的"天"，仍然是夏商以来统治者一直尊奉的"天"，但是对"天"的内涵赋予了新的思想，并重新进行了理论构建和阐释。

周初统治者在新政权建设的过程中，扬弃了夏商时代的天命观，不再认为天命是神秘不可知的，而认为其是可以与具体的政治实践相联系的。故而提出了一系列诸如"惟命不于常""天命靡常""天命不易，天难谌"的新思想。也就是说，天命并非固定不变地保佑着某一位统治者的政权，而是可以通过某种途径加以改变的。具有人格的天帝并非只是某一个族人的祖先，而是天下人的共同的祖先；商王和商族是天的子孙和臣民，周王和周族亦是，天下所有的部族和人民都是天的子孙和臣民。不仅如此，天命并非固定地属于某一个族人，而是可以转移的；可以归殷，也可以归周，甚至可以归天下任何一个部族或者个人。这样，西周统治者通过对“天”的重构，就为周朝的统治建立在理论上找到了合理性。

虽然天命是无常的，但是对“天之元子”也就是统治者的取舍是有一定标准的。《尚书·蔡仲之命》中载“皇天无亲，惟德是辅”。也就是说，“德”成了联结上天与人的桥梁，是对统治何以可能的取舍标准。这个“天”是有意志、辨优劣、善赏罚的神明，它能够知晓统治者的道德和行为。“非天庸释有夏，非天庸释有殷，乃惟尔辟以尔多方，大淫图天之命，屑有辞。乃惟有夏图厥政。不集于享，天降时丧，有邦间之。乃惟尔商后王逸厥逸，图厥政，不蠲承，天惟降时丧。”（《尚书·多方》）也就是说，历朝历代的兴衰，不是因为上天有意志的偏好和厌弃，而是视乎其德行高低。夏、殷亡国，不是因为上天有意要抛弃，而是由于这两代的末代统治者“惟不敬厥德”，所以才“早坠厥命”。殷废周兴，也不是因为天偏爱于周，而是因为周的统治者“德音秩秩”“裕德乃身”对老百姓重教化而不滥刑杀，从而得到了天帝的赏识。故而有德者成为君王，失德者失天下，人民的归附与否完全取决于统治者是否有道德。总之，“天”可以决定国家政权的兴亡盛衰和人们的生死祸福，而且它只会把建立政权、治理社会和统治人民的权力，即天命授予品德高尚的部族和个人。并且，品德高尚的至德之人只有具备了“德”的素质和条件才能得到天的信任和辅佐，也才配获得天命，也就是“以德配天”；如果丧失了“德”的素质和条件，就会失去“天”的信任和支持。

（二）敬德保民

我们知道，周朝的统治者认为至高无上的“天”在选拔代理人即天子时的标准或条件就是“德”，而判断君王是否有德的依据又在于民，天意通过民情得到体现。因为周初统治者看到，夏朝的灭亡是因为夏王桀违背了民的意志，使得民怨沸腾，甚至到了“时日遏丧，予及汝皆亡”的程度。而殷朝末期，商王纣亦是骄奢淫逸，他酗酒田猎、穷奢极欲，“不知稼穑之艰难，不闻小人之劳”，终致士兵和贫民在前方纷纷倒戈，最后才被周所取代。周朝的统治者鉴于前朝覆亡的经验和教训，认为只有“敬德”才能“保民”，从而保天下。他们认为，“天听自我民听，天视自我民视”，“民之所欲，天必从之”也就是说“天”能够听到老百姓的呼声，“天”会关注老百姓的疾苦祸福，“天”亦会满足老百姓的愿望和需求。所以，作为“天”的代理人的天子或统治者也必须听从天命，切实解决老百姓的困难、改善老百姓的生活境况、满足老百姓的各种需求，从而实现社会的稳定。因为只有实现“保民”，才能使“天命”不移。被儒家尊称为“元圣”的周公曾一再告诫康叔：“天畏忱，民情大可见，小人难保，往尽乃心，无康好逸豫，乃其民。”（《尚书·康诰》）《尚书·梓材》中载：今王惟曰：‘皇天既付中国越疆土于先王，肆王惟德用，……已！若兹监。惟曰：‘欲至于万年，惟王子子孙永保民’。”也就是说，中国的疆域和人民是上天托付给先王的，君王只有推行德治，黎民百姓才会心甘情愿地臣服。如果要想长治久安，君王的子子孙孙就必须实施德政，永远地治理好广大民众。“保民”在实践层面，就体现为“徽柔懿恭，怀保小民，惠鲜鳏寡”。也就是说，统治者必须要知晓小民的疾苦，而且还要及时顾察小民的言论。故有“不敢侮鳏寡，庸庸、祗祗、威威、显民”，不能轻视怠慢那些鳏、寡、孤、独之人，要提高人民的地位，用可用之人，敬可敬之人，惩该惩之人。

在历史上，周初统治者也正是以“敬德保民”的德治理念去实施其具体的政策方针的。武王灭商以后，着力安抚了商遗民，以争取殷商遗民的支持。首先，武王本着“灭国不灭嗣”的古老传统，封纣王子禄父（武庚）于商王畿一隅，使其延续商之余祚。其次，对忠诚于商而以周为敌患、终又被商纣王杀害、迫害的人予以礼待，即“封比干之墓、表商容之间、释箕子之囚、礼遇微子启”（《史记·周本纪》）。这些措施对稳定及争取上层商遗民起到了积极作用。最后，为“散鹿台之财，发巨桥之粟，以振贫弱萌隶”（《史记·周本纪》）。此举为争取下层商遗民之心起到了积极作用。我们可以看出，无论是“知小民之依”，还是“求民之莫”，最终的落足点都在于“以小民受天永命”，达到保民而王的目的。不过，周人这种关注小民疾苦，利民惠民，把“民”作为权力与道德连接桥梁的做法，无疑蕴含着民本思想，这也对后世儒家的民本思想产生了重要的影响。

王国维说：“周人其所以祈天永命者，乃在德与民二字。文武周公所以治天下之精义大法胥在于此。”也就是说，德和民在西周时期政治中占有相当重要的位置。“嗣前人，恭明德，在今”；“其汝克敬德，明我俊民，在让后人于丕时”；“惟乃知民德亦罔不能厥初，惟其中。祇若兹，往敬用治”；“拳拳敬德之心溢于言表”。可见周朝的统治者对敬德是极其看重的，认为在政治实践中，天、命、民、德四者是相互联系、不可分割的整体，故有“曰命曰天曰民曰德，四者一以贯之”。不仅如此，周人也赋予上天以情感，认为上天是同情黎民百姓的，它会选择敬德保民者做民的君王，君王也应该以敬德为其当务之急，故“天亦哀于四方民，其眷命用懋，王其疾敬德”。

总之，周人以“天命”为依托、以“敬德”为途径、以“保民”为目的，将三者有机地结合在一起。而“敬德”有起着承上启下的核心作用，这也充分体现了周人对“德治”思想的重视。西周所提倡的“敬德”“修德”，是一种对当时的统治者的要求，其主要指的是君德和政德等，故其“德”多如“先哲王德”“大德”“元德”“宁王德”“文祖德”等。这当然带有浓厚的君权和贵族色彩，虽然其不具有社会的普遍性，但是也对规范和限制统治者的权力提供了一定的理论依据，更对其道德修养提出了较高的要求，也认识到了执政者的道德品行在治理国家过程中的模范和标杆作用。

（三）明德慎罚

为了使得社会稳定和谐，西周统治者从天命不常的“以德配天”理论基础出发，以“敬德保民”为手段，进而提出了“明德慎罚”的思想。所谓“明德”，就是无论立法还是施政，司法都要以德为本，时时刻刻体现德的要求，强调道德的规范和怀柔作用，在统治策略上要重视道德教化的潜移默化的功能。简单说来，有以下两个方面的基本要求：一是作为以周王为首的奴隶主贵族统治集团必须注重自身道德品行的修养；二是统治者要在立法层面和具体的政治实践中贯穿以德治国的基本理念。所谓“慎罚”，就是指在治政方面，要把实施德教放在突出位置，对百姓的过失要以道德教化为主。只有当道德教化、说服教育不起作用时，才慎重地采用刑法，虽罪大恶极者要做到“刑兹无赦”，但在定罪量刑时一定要慎重，切忌像殷商统治者那样草菅人命、滥杀无辜。

首先，“明德”才配治世。周朝的统治者认为，上天不会把统治的权利轻易给予不明德、不修德的人，周朝之所以能代替殷朝成为合法的统治者，是因为周文王和周武王是明德、修德的人。可见，当时“明德”的主要目的是让老百姓遵纪守法，逐渐向善，使得社会更加安定有序，进而保证统治者的权力不会遗失。

其次，“明德”必须要“慎罚”。据载，周朝建国初年，武王向群臣询问治国安邦的良策时，权臣贤良们提出了三个不同的方案：姜公尚主张“咸刘厥敌，使靡有余”，即把殷族遗民都杀光，以绝后患；召公则主张“有罪者杀之，无罪者活之”，即让在武王伐纣时归顺的拥护者活下来，而背叛反抗者则杀死；周公旦则主张“各安其宅，各田其田，毋故毋私，惟仁之亲”，也就是说保持原来的社会关系不变，推行宽缓怀柔的统治政策，缓和社会矛盾。总之，在“慎罚”思想的指导下，西周在制度建设中确立了因时制宜的基本原则。第一，在刑事政策上主张“刑乱国用重典，刑新国用轻典，刑平国用中典”，即采用区别对待的办法，西周对于殷民和周人同样的酗酒滋事这样一个行为分别采取了不同的措施。对于殷商遗民采取的是“勿庸杀之，姑惟教之”的政策，而对于周族人则采取的是“尽拘之”“予其杀”严格刑法的原则。第二，对初犯、偶犯的从轻处罚的原则。“人有小罪，非眚，乃惟终，自作不典，式尔，有厥罪小，乃不可不杀。乃有大罪，非终，乃为眚灾，适尔，既道极厥辜时乃不可”这种刑法政策比较重视行为人实施行为时的主观心理状态，也注意区分了犯罪的故意与过失等不同情况。而且，即便是犯了大罪，只要不拒不承认错误，知道悔过，就可以从轻发落。第三，主张严禁滥杀无辜，反对族诛连坐。西周法律规定：“奸宄杀人，历人宥。”周公对成王曾讲，“乱罚无罪，杀无辜，怨有同，是丛于厥身”，强调“父子兄弟，罪不相及”。要求刑罚适用要适中，在判案过程中不能感情用事，既反对轻罪重刑也反对重罪轻刑。第四，疑罪从轻，以金赎罪。“墨辟疑赦，其罚百锾，阅实其罪。劓辟疑赦，其罪惟倍，阅实其罪。剕辟疑赦，其罚倍差，阅实其罪。宫辟疑赦，其罚六百锾，阅实其罪。大辟疑赦，其罚千锾，阅实其罪。”可见，当时在执行刑罚时，如果遇到证据不足的情况，会采取相应的对策，用罚金或者其他手段来代替身体上的肉刑。第五，宜刑宜杀。也就说，对于审判的案件和适用刑罚要“罔非在中”“咸庶中正”。其制定了“三赦”“三刺”的制度。所谓“三赦”，即对“幼弱、老耄、蠢愚”之人的犯罪行为不予追究刑事责任；而“三刺”则是对于重大疑难案件要求首先交给大臣们来讨论，群臣讨论尚不能决定者，再交给官吏们讨论，还不能决定者，最后交给所有国民讨论，这也说明了西周的司法制度是非常严格和慎重的。

最后，“德”“罚”统一。《尚书·梓材》中载“予罔厉杀人”，“王启监，厥乱为民”。君王治理国家，应把教化百姓、实行德政作为主要方针。但是，无论是施行德政还是施行刑罚，都是为了劝勉百姓，稳定社会，故有“罔不明德慎罚”。《尚书·吕刑》中提出“典狱非讫于威，惟讫于富”，刑法的作用不在其强大的威慑力，而在于其有“德”的品性，也就是说“有德惟刑”。总之，在周初的德治建设实践中，“德”不仅是周人缓和社会矛盾成效卓著的手段，也是其建构新的社会秩序的规范与制度框架。“德”与“刑”二者开始相互依赖，二者的关系渐渐演变成了国家的意志和固有制度，西周的统治者希望通过将“德”的怀柔和“刑”的强制相结合的方式来治理国家，以期社会长治久安、稳定和谐。

第二节　孔子以“仁”为核心的德治思想

一、孔子德治思想的理论基础及来源

（一）当时的社会背景和历史

孔子（公元前551年—公元前479年），名丘，字仲尼，春秋末期鲁国人。他是我国历史著名的思想家和教育家，儒家学派的创始人。孔子出生于没落的贵族家庭，《礼记·檀弓上》载：“而丘也，殷人也。”也就是说，他是殷商的后裔。孔子的父亲名叫叔梁纥，曾做过鲁国的邹邑宰，其母名征在，姓颜氏。孔子的父亲叔梁纥死后，母亲就带着孔子移居到鲁国的中都，与他相依为命。孔子在幼年时便饱尝了人间的辛酸贫苦，从贵族一下变为平民，孔子自己也说：“吾少也贱，故多能鄙事。”（《论语·子罕》）也就是说，童年的艰辛使得孔子不得不学习多种技艺来维持生计，这也让他通达世事，为其以后的思想理论奠定丰厚的实践基础。

青年时期的孔子，曾在鲁国担任过保管仓库的官吏和看管牛羊的小官，继而又学着为贵族们办理婚丧嫁娶等一类仪式，专门钻研当时及古代的礼节仪式。及其成年之时，孔子便开始不断地讲学，招收门徒，主要讲解和宣传礼仪文化和典章制度，以伦理思想为主要内容的儒家学派便从此时开始兴盛起来。中年时期，孔子做过中都宰、司空，也曾任过鲁国的大司寇。由于鲁国是周公旦的封地，是当时奴隶制的文化中心，保存着丰富的宗周典籍和完整的文物制度。孔子自幼也受到宗周礼乐、道德的熏陶和教育。因此，在这样的环境中，孔子对西周时期的道德思想和政治思想就有了更加深入的研究。之后，由于政治上不得意，孔子便将全部的精力投身于教育和古典文化的整理研究工作，开始系统地阐发、讲述和宣传自己的儒家学说。

孔子生活在我国社会激烈变革的时代，即奴隶制解体、新的封建生产关系开始形成的时期。当时，由于生产上使用了铁器农具，推广了耕牛，农业生产得到了进一步的发展。一方面，社会生产力的不断提高，使得以家为单位的个体生产成为可能，从而为新的生产关系的产生创造

了条件。另一方面，奴隶主的残酷压迫和剥削，使得奴隶们不得不起来反抗，他们有的毁坏劳动工具，有的逃跑，有的聚义。这种情况愈演愈烈，奴隶制度渐渐遭到破坏，其生产关系也不得不随之改变。广大奴隶反抗奴隶主的阶级斗争，对奴隶制的土崩和瓦解起了到巨大的推动作用。这样，一部分中小奴隶主不得不使用新的剥削方法，他们召奴隶，让其大量开垦荒地，然后收取地租。这样，社会关系和阶级结构逐渐发生变化，新兴的封建阶级的雏形便出现了。由于封建地主阶级采取这种比较进步的生产方式，地主阶级的经济实力得到显著的增强，其在社会中的政治地位也越来重要。

随着新兴地主阶级在经济上的强大，他们在政治上采取了一系列的措施，对奴隶主阶级展开了夺权斗争。但是，奴隶主们并不甘心，总是要联合各种势力，夺回自己的政权。由此，春秋时期诸侯之间、强大的氏族之间开始了不断的吞并和厮杀。在这种剧烈的社会动荡中，奴隶制走向崩溃，封建制逐渐确立起来。与政治、经济上的斗争相适应，中国古代第一个文化发展高潮也由此展开。政治和经济上的不断进步，促进了文化思想、理论的大发展和大繁荣，出现了百家争鸣的局面。不同阶级和派别的人们，为了达到自己的政治目的，都极力从道德上寻找根源，并把道德作为达到自己政治目的的一种手段。这一时期中国古代的思想家们特别重视道德同政治的关系，他们希望把人与人之间的道德关系加以总结，并使其上升到一定的理论高度，从而概括出适合于统治阶级利益的一套原则和规范，使其有利于维护社会秩序，更好地为自己的统治服务。在当时的政治、经济和思想文化大变革时期，孔子站在统治阶级的立场上，提出了自己的一套伦理道德体系，并就其内容和形式进行了全面系统的阐述。一方面，他面对当时周室衰微、礼崩乐坏的局面，想要建立一种“君君、臣臣、父父、子子”的等级伦理道德制度。另一方面，他又不满于一些君主的腐朽和横征暴敛，希望在伦理道德关系上做出某种改良和创新。总之，孔子不保守也不激进，希望用中庸之道来对社会进行改良，并通过道德思想德传播和相关制度的建立能够有效地维护社会的稳定，促进人际关系的和谐。孔子是我国古代伟大的思想家、政治家、教育家，他不断地整理文化典籍、兴办教育，为我国乃至世界的文化、教育做出了巨大的贡献。孔子的“德治”思想一定程度上顺应了处于剧烈变化的时代的要求，其中包含了对统治者的道德要求，包含了对百姓和人民的爱护和关心，包含了对大同社会的完美理想。因此，他的思想不但被中国历代君王采用，时至今日，他的德治思想中的合理部分，仍对我们的国家政治生活产生着巨大的影响。

（二）孔子的“仁、礼”学说

孔子的德治思想有两个重要的理论基础，一个是“仁”，另一个是“礼”。孔子以“仁”为其理论核心，作为儒学的基本范畴。孔子认为春秋时期之所以礼崩乐坏，王命不行，是因为人们缺乏遵守礼的规定的自觉要求。为了改变这种状况，孔子提出了以仁为核心的思想体系，强调把礼的执行建立在仁的基础上，赋予礼以道德的品格，把外在的礼法规定转化成内在的自我约束。这种纳“仁”入“礼”，“仁”“礼”结合的仁礼的学说最终形成了具有鲜明儒家特色的“德治”纲领。

在孔子之前的时代，国家的体结构和秩序是靠“天”的神性来维护的。后来，随着社会的剧烈动荡，人们慢慢发觉天与人难以互动，“天”不能在社会动乱中对人进行很好的庇佑。“天”的救世作用被信奉者怀疑，导致一些带有实用和理性色彩的思想在人们心中萌芽。与当时具有自然性和神秘性的“天”不同，孔子的“仁”不仅是对自然和人类自身本质的揭示，也是一种存在于人内心之中的普遍德性，是现实的人的心灵觉醒。这其实反映了孔子的“仁”蕴含了深刻的人文理念和价值，也说明了春秋以来，政治思想从神性向人性转变的时代要求。孔子认为，“仁”不远人，“为仁由己”（《论语·颜渊》）；“我欲仁，斯仁至矣”（《论语·述而》）。可以看出，孔子认为“仁”是人的本质，是人性固有的道德本性。这无疑解决了德治何以可能的问题。由于执政者内心固有仁德，他们才可能会选择德治；由于民众具有仁德，所以他们可能愿意接受德治；因为全社会都具有仁德，德治才可能不断地被推广。孔子的“仁”的内涵也是相当广泛的，是构成其德治理论的重要基石。简单说来，主要有以下几个方面的内容：

其一，孝为“仁”本。孔子认为，孝悌是“仁”的品德中根本的内容。《论语·学而》中载：“其为人也孝弟，而好犯上者鲜矣；不好犯上，而好作乱者，未之有也。君子务本，本立而道生。孝弟也者，其为仁之本与。”也就是说，君子只要努力确立“孝”这个根本，就是确立了治国和做人的原则。孔子认为，如果从政治的全局着眼，必须把孝悌看作是社会稳定和发展的最基础的、最根本的条件。“孝”是子女对父母的道德，强调子女对父辈的尊敬与服从；“悌”是对兄弟敬重友爱的品德。如果把家庭生活中的“孝悌”扩展到社会的政治生活中，就构成了处理封建国家等级关系的道德规范，这也给社会的稳定提供了必要的制度基础。

其二，少言言仞。“刚毅木讷近仁”（《论语·子路》），“仁者其言也仞”（《论语·颜渊》）。黄侃注疏说：“言此四者与仁相似，故云近仁。刚者性无求欲，仁者静，故刚者近仁也。毅者性果敢，仁者必有勇，周穷济急，杀身成仁，故毅者近仁也。木者质朴，仁者不尚华饰，故木者近仁也。讷者言语迟钝，仁者慎言，故讷者近于仁也。”（《论语·义疏》）“刚毅木讷”可以看作是仁的基础，仁的基本素质。也就是要求人不乱发言，深思而后言，重要的是词能达意，即达到说话的效果。

其三，“仁以为己任”（《论语·泰伯》）。孔子认为，“克己复礼为仁”，要做到“仁”，首先要有责任感、使命感。“克己”就是要努力从自身做起，克制和战胜自我的私欲，通过自身修养的锤炼去探求仁道，故有“仁者先难而后获”（《论语·雍也》）。“复礼”就是要恢复周礼，按周礼的要求做。因为孔子在早年的德治追求中，一直以恢复周礼为己任，认为“仁”必须在礼中求。孔子还认为“三月不违”是仁在时间上的一种体现，故有“回也，其心三月不违仁，其余则日月至焉而已矣”（《论语·雍也》）。孔子也要求弟子们学习这种修仁的方法，使“仁”得于心而存心奉行。

其四，爱人。樊迟曾经问孔子什么是“仁”，孔子回答说：“爱人。”（《论语·颜渊》）在这里，孔子将“仁”推己及人，仁便因为“爱人”而扩展开来。这样，用“爱人”作为处理人与人之间关系的准则，那么百姓之间就会融洽相处、和谐共存。因此，只要社会政治中延展和贯穿“爱人”原则，天下便可和谐太平。

其五，居处恭，执事敬，与人忠。孔子认为：“居处恭，执事敬，与人忠。虽之夷狄，不可弃也。”（《论语·子路》）也就是说，人们日常起居要态度端庄，担任工作要敬慎认真，和人交往要忠心诚恳。即便到了未开化的蛮夷地区，也不可背弃这种理念。也就是说，要想达“仁”，就必须修心养性，实行仁德。只要修己待人、立身处事秉持这种理念，心性自然会提高，仁心仁德便显现出来，自己和人事物环境的关系就能归正、和谐。

其六，恭、宽、信、敏、惠。子张也曾经问仁于孔子，孔子说，“能行五者于天下为仁矣”，“恭、宽、信、敏、惠。恭则不侮，宽则得众，信则人任焉，敏则有功，惠则足以使人”。意思是一个人若具有庄重、宽厚、诚实、勤敏、慈惠这五种品质，便是仁人了。庄重就不会遭受侮辱，宽厚就会得到大家的拥护，诚信就会得到别人的作用，勤敏就会提高工作效率，慈惠爱人就能使他人服从于你。孔子认为，把这五方面推己及人的是行“仁”的重要做法，也是有仁之士必有的德行。

其七，“博学而笃志，切问而近思，仁在其中矣”（《论语·子张》）。这两个方面实际上是孔子仁礼学说的主要原则，“博学笃志”“切问近思”也构成了孔子所欣赏的代表“仁”性的人物形象。

孔子认为，只有使人的道德伦理都达到“仁”的境界，才能实现社会大治。因而朝着“仁”的目标，孔子以道德教化作为主要的治国手段，追求社会的协调，希望通过道德的内在约束力来达到稳定社会、促进社会进步和发展的目的。“天下归仁”的“德治”将道德与政治紧密、有机地结合在一起，使得许多道德规范成为德治信条，这在客观上将道德置于上位，成为维系社会定、促进社会进步与发展的思想武器。

孔子十分推崇周公治世治国的方略。他认为，西周之所以能昌盛文明，是因为周公采用“周礼”去界定等级名位，并确立了与之相适应的权利与义务，并以等级制度和尊卑观念去教化民众。孔子特别把“礼”看作社会进步与发展的集中表现，他认定兴德而治、失德而亡，故《礼记·礼运》中提道，“故唯圣人为知礼之不可以已也，故坏国、丧家、亡人，必先去其礼”。因此，他的志向就是要恢复西周的礼乐文明，让每一个社会成员都承认和遵守一定的伦理道德规范，做到下不僭越、上不自弃，以达到稳定政治的目的。故有，“夫礼，先王以承天之道，以治人之情。故失之者死，得之者生……是故夫礼，必本于天，于地，列于鬼神，达于丧祭射御，冠婚朝聘。故圣人以礼示之，故天下国家可得而正也”。

在孔子的思想体系中，“礼”是其德治理论在制度方面的支撑，是实施德治的必由之路。孔子认为“仁”是“礼”的基础，“礼”是“仁”的根本，也是“仁”的标准。所以，“礼”与仁是紧密相连、不可分割的统一体。因此，孔子强调“克己复礼”，“复礼”必须建立在“克己”的基础之上。要人们自觉地守礼制，就必须提倡仁德。若只有礼制，人们却不能自觉遵守、自我约束，礼也就失去了意义。仁是礼的基础和灵魂，没有仁，礼也就徒有形式；礼是仁的体现与落实，没有礼，仁就无所依托。因为孔子的观念里，当时社会之所以“礼崩乐坏”，其中一个重要的原因就是人们缺乏遵守礼的规定的自觉要求。为了改变这种状况，孔子揭示了以仁为核心的德治思想体系，强调把礼的执行建立在仁的基础上，赋予礼以道德的品格，把外在的强制转化成内在的自我约束。

第一，以礼安身。孔子说：“不学礼，无以立。”（《论语·季氏》）故修德安身首要就是学礼。“鹦鹉能言，不离飞鸟。猩猩能言，不离禽兽。今人而无礼，虽能言，不亦禽兽之心乎？夫唯禽兽无礼，故父子聚麀。是故圣人作，为礼以教人。使人以有礼，知自别于禽兽。”从微观层面的个人来讲，“礼”是人类文明的基本特征，是使人类超越动物本能并区别于其他动物的根本所在，是人之所以为人的基础。孔子把学礼、行礼、守礼、护礼看成做人的起码要求，故有“非礼勿视、非礼勿听、非礼勿言、非礼勿动”之说，也就是要求人们一言一行都须以礼为标准，时时处处“约之以礼”。总之，礼就是要求人们在其所处的既定位置上，根据自己的身份和角色，按照“礼”所规定的标准，正确处理上下、左右的关系。所以说，孔子把礼作为规范人们的言行、判断是非的标杆。“礼”不仅在个体思想道德修养方面具有重要价值，也为社会成员都应遵守的社会关系和应当履行的道德义务提供了相应标准。总之，个体成员道德修养水平的提高也是整个社会政治秩序稳定的一个重要前提。

第二，有礼有节。“礼之用，和为贵。”（《论语·学而》）孔子认为待人接物、处世治事，应以和为主，谦和谦逊。而且，礼还必须有一定限度，不能过头，“知和而和，不以礼节之，亦不可行也”（《论语·学而》）。也就是说，过于谦卑就是低三下四，就是自为卑下，这也不合乎礼的要求。“礼”要有“节”，节制而不过头，所以才称之为“礼节”。例如：“恭而无礼则劳，慎而无礼则葸。”（《论语·泰伯》）如果过分恭敬和顺从就会使“人以为谄”（《论语·八佾》），故而“巧言、令色、足恭，左丘明耻之，丘之耻之”（《论语·公冶长》）。比如，在“忠”这个礼上，必须“臣事君以忠”（《论语·八佾》）；并且“与人忠”（《论语·子路》）。但是忠也必须是发自内心的忠诚、忠实，对待人和事不能虚伪，要善待于人、认真于事。可见，有礼有节就是要求人们做事要中和，符合自然规律：“中也者天下之本也，和也者天下之达道也。”所以，“礼”最大的功用在于可以使得社会和谐。从礼的界限上看，则是“不下庶人”的。这是礼具有大众性和普遍性的理论基础，也是德治得以可能的重要前提。我们知道，孔子的“仁”是有等级的博爱，而礼也并非横亘于人与人之间的鸿沟，“礼义”是以和为贵，无差别的秩序。正是因为“礼”打破了不同层次间的界限，才架起了与“仁”沟通的桥梁。所以，孔子认为礼教是实现社会理想的最重要的途径。这便是孔子冲破传统而兴办私学的原因。通过教育，“礼”不但可用于贵族，而且“庶人”也要学“礼”。

第三，礼为国纲。在孔子看来，君主必须遵循“礼”的原则来治理国家，才会取得政治功绩，进而达到“天下有道，则庶人不议”（《论语·季氏》）的良好政治效果。孔子认为：“能以礼让为国乎，何有？不能以礼让为国，如礼何？”（《论语·里仁》）这就是要维护礼治社会的秩序，进而维护天子的权威。孔子主张“贵贱不愆”，认为贵贱等级制度是神圣不可侵犯的。对于季氏八佾舞于庭的僭越行为，孔子认为：“是可忍也，孰不可忍也。”（《论语·八佾》）在礼所规定的贵贱等级制中，孔子又以君臣、父子两项为核心，凡是犯上作乱的，都属于大逆不道，“天下有道，则礼乐征伐自天子出；天下无道，则礼乐征伐自诸侯出”（《论语·季氏》）。孔子以礼作为国家的纲纪，就是要建立“君君、臣臣、父父、子子”的政治体制，确保贵贱、君臣、父子等级从属关系的社会体系不受侵犯，这样才能保证“礼乐征伐自天子出”的君主集权的政治秩序。

二、孔子德治思想的主要内容

（一）为政以德

“为政以德”可以说是孔子政治思想的总体概括。《论语·为政》载道：“为政以德，譬如北辰，居其所而众星共之。”在孔子看来，德是人类美好一面的共性，是人人都应该遵循的准则，是能够在统治者与被统治者之间互动的。孔子认为，如果当权者以“德”来治理国家，那么就好像天上的北极星，安居其所，人们会像众星辰围绕北极星旋转一样，自然而然地进入政府所希望的轨道。孔子认为，即使一个人有治国之才，但缺乏仁德之心、仁德之行，也许短时间内能获得民心，但终究不会持久，即：“知及之，仁不能守之，虽得之，必失之。知及之，仁能守之，不庄以莅之，则民不敬。”（《论语·卫灵公》）这也就是要求执政者应该时时刻刻在道德方面做出表率，用自己的道德修养把道德实践落实到现实的社会政治生活中，然后利用政治的力量影响人民，以此来推动整个社会风气的好转，最后达到天下大治。

因此，孔子十分重视当政者的道德践履和思想修养。认为当政者只有端正自身的思想品行，才能把内在的修养化为治国的事功。故而统治者的个体道德修养对于执政有重要的意义，孔子对统治者的德性主要有以下几点要求：

第一，修己安人。在孔子看来，为政在于正人，正人必先正己。

“子路问君子，子曰：‘修己以敬。’曰：‘如斯而已乎？’曰：‘修己以安人。’曰：‘如斯而已乎？’曰：‘修己以安百姓。修己以安百姓，尧、舜其犹病诸！’”（《论语·宪问》）也就是说，为政以德主要有三个步骤：“修己以敬”“修己以安人”“修己以安百姓”。这就是要求为政者必须学仁、修身、进德，严于律己，起到表率作用。“自天子以至于庶人，壹是皆以修身为本。”（《大学》）所谓“修己”，就是为政者的自我管理，即为政者学习道德知识、培养道德情感、内化道德规范的过程。而为什么要“修己”，其目的在于“安人”“安百姓”。孔子认为，统治者要注重自身身教，并通过自身的道德和行为起到表率作用，去管理大大小小的官吏和黎民百姓，以此来建立统治的群众基础。从执政者的角度来说，之所以要“正己”，是因为“其身正，不令而行；其身不正，虽令不从”（《论语·子路》）。季康子曾向孔子询问怎样治理国家，孔子说：“政者，正也。子帅以正，孰敢不正。”“君子之德风，小人之德草，草上之风必偃。”（《论语·颜渊》）也就是说，所谓政治的道理，在于领导者自己要有良好和端正的品行道德，才能使国家的政治生活走上正道。为政者的行为正派，不发政令老百姓也会执行；反之亦然。因此，为政者的威信和力量，不在于权力的大小、地位的高低，而在于道德品质、道德行为的好坏。统治者的德行像风一样，他们的一言一行都被黎民百姓注视、仿效。所以作为统治者，应以良好的品格操守给老百姓做出榜样，并时时刻刻注重自身的行为和施政方式，正所谓“正己而正人”。

孔子在回答季康子的“好杀无道、以就有道，何如”的提问时又说：“子为政，焉用杀？子欲善而民善矣。”（《论语·颜渊》）当季康子为盗贼之猖獗而苦恼不已时，孔子则直截了当地指出：“苟子之不欲，虽赏之不窃。”（《论语·颜渊》）。正所谓，上有所好，下必甚焉。为政者必须先“正其身”，“苟正其身正，于从政乎何有？不能正其身，如正人何”（《论语·子路》）。只有为政者能够处处以身作则、身体力行，才能令出即行、令禁即止。当季康子问孔子：“使民敬，忠以劝，如之何？”孔子回答说：“临之以庄，则敬；孝慈，则忠；举善而教不能，则劝气。”（《论语·为政》）这些都说明只要统治者端正自己的言行，就会对社会风气、百姓的道德水平产生积极的影响，从而有利于统治者的统治。如果上梁不正下梁歪，则天必定礼崩乐坏，社会混乱无序，不利于统治者的统治。

第二，清廉治政。孔子强调清廉治政，认为廉政是为政以德最起码的要求。如果统治者为政不廉洁，那么政德就难以彰显。孔子认为："饭蔬食饮水，曲肱而枕之，乐亦在其中矣。”（《论语·述而》）也曾称赞“一箪食，一瓢饮，在陋巷”才是圣贤之道。这说明了孔子对物质生活的态度。他认为统治者不能利欲熏心、贪图享乐，应清廉自律。其实，孔子也并不一概反对物质财富的充盈和物质生活的改善，但孔子更主张“见得思义”“见利思义”，一切取舍以“义”为标准，“不义而富且贵，于我如浮云”。为政者可以依靠自己的诚实劳动取得财富，但绝不能利用自己的权力富一己而贫民众。孔子倡导为政应“尊五美”，其中一项就是“欲而不贪”。孔子对此的解释是："欲仁而得仁，又焉贪？”（《论语·尧曰》）的确，如果政者追求的是自身的仁德，又怎么会去贪求身外之物呢？在孔子看来，对物质财富的过分追求是施政的大敌。为官者必是有德之人，只有具备为政清廉的德行，才能防腐败之弊于未然，赢得百姓的口碑。总之，为官者绝不可贪婪不义之财，更不得掠夺民脂民膏以充盈私囊。孔子说道："君子成人之美，不成人之恶。”（《论语·季氏》）为政者承担着管理社会、治理国家的重要职责，他的最终目的就是要“成人之美”，也就是成众人之富、众人之德、众人之安。

第三，勤其政，信于民。孔子强调为政要勤勉，要深入基层，体察民情，关心民众疾苦。在孔子看来，为政者若“博施于民而能济众”，不仅是仁德的表现，也是圣明德作为。“何事于仁，必也圣乎！尧舜其犹病诸。”（《论语·雍也》）由此可见，孔子对勤政者给予了很高的评价，表明孔子德治思想中重视政绩的倾向。既然为政在于实效，那么对为政者有什么要求呢？那就是要为政者谨言慎行，勤于政事，励精图治，发愤忘食，“见善如不及，见不善如探汤”（《论语·季氏》），才能取信于民，才能事功于社会。只有遵民意、谋民福、尽力全德，“出门如见大宾，使民如承大祭”（《论语·颜渊》），勤勉勿懈，才能取得“在邦无怨，在家无怨”（《论语·颜渊》）的良好社会效果；只有实政实功，才能使人民受其福，国家受其利。同时，孔子认为，老百姓对为政者的信任也至关重要，为政以德必先取信于民，取信于民必须真实坦诚、讲究信用、说话算数。子贡曾问政于孔子，“子曰：‘足食，足兵，民信之矣。’子贡曰：‘必不得而去，于斯二者何先？’曰：‘去兵。’子贡曰：‘必不得而去，于斯二者何先？’曰：‘去食。自古皆有死，民无信不立。’”（《论语·颜渊》）孔子把“民信”看得比“足食、足兵”更重要，生死安危都可以不顾，但要留住最重要的信誉。也就是说，孔子把取信于民看作治理国家至关紧要的东西。取信于民，“水可载舟”；失信于民，“水可覆舟”。“上好信，则民莫敢不用情。”（《论语·子路》），民用情，则政通人和、民富国强。

第四，任用贤能。孔子认为要按道德的标准选拔贤才担任官吏。“举直错诸枉，则民服；举枉错诸直，则民不服。”（《论语·为政》）也就是说，当权者必须能知人善任，只有把正直的人提拔起来放在邪恶的人之上，才能使百姓服从号令，使邪恶的人改邪归正。孔子极力推崇贤人政治，任用德才兼备的人才参与政治。孔子主张任人首推仁者，多次称舜、皋陶、汤等为仁者，又称仁者举仁，即举贤的前提条件是举人者必须具备仁德的品质。有关孔子尚贤的言论很多，如：“仲弓为季氏宰，问政。子曰：先有司，赦小过，举贤才。”（《论语·子路》）在这里，孔子把“举贤才”看作为政的一项基本原则，足见他对举贤极为重视。在用人原则上，孔子主张打破世袭制，反对任人唯亲和妒贤嫉能。尽管孔子没有完全摆脱“亲亲”的宗法原则的束缚，仍然赞同“近不失亲”，但出于需要士阶层参政的原因而讲又主张“远不失举”，对周时旧的用人制度有所突破。在孔子看来，不论你原来的出身和地位如何，只要努力学习，不断地进德修业，具备了治国之德和安邦之才，就可以委以重任。“犁牛之子，骍且角，虽欲勿用，山川其舍诸。”（《论语·雍也》）这里以祭祀用的“牺牲”比喻，“犁牛之子”虽然出身卑微，但只要自身条件好，符合做祭品的条件，即使是祭祀的人想用它，难道山河之神会舍弃不用吗？“先进于礼乐，野人也，后进于礼乐，君子也。如用之，则吾从先进。”（《论语·先进》）这里的“君子”是指贵族子弟，因为只有他们才能靠世袭特权而先有官职，再修“礼乐”；而“野人”，也就是身份卑微之人，他们只有先努力学习，才能有所成就，熟知“礼乐”，最后“学而优则仕”，得到重用。（《论语·子张》）孔子“唯贤是举”的用人观念，敢于突破门第之见，突破宗法世卿世禄。这种主张“学而优则仕”的思想，是异常可贵的。

（二）德化教育

孔子是一位伟大的思想家，也是一位伟大的教育家，并在后世享有“万世师表”的美誉。孔子教育思想的核心是道德教育，以德教民也是孔子德治思想的核心环节。孔子极力主张对百姓实施礼义道德教育，也就是希望通过为政者的言传身教，把社会的道德行为规范转换成为人们的内心信念和道德良心，自觉遵守社会规范和维护社会秩序。《论语·子路》中载：“子适卫，冉有仆。子曰：‘庶矣哉！’冉有曰：‘既庶矣，又何加焉？’曰：‘富之。’曰：‘既富矣，又何加焉？’曰：‘教之。’”从这里可以看出，孔子提出了其治国安邦方略中最重要的三个步骤，即首先要人口充裕，其次是经济繁荣，最后是教育昌盛。这几个步骤体现了孔子以德育为重的施政纲领，因为他把德教置于庶、富之上，视为较高层次的政治目标。春秋时代，有识之士都认识到，人是一种十分宝贵的资源，有了人就能多辟荒原、多产粮食，使国家富强起来。当时人少地多，不存在人口过剩的问题，人口众多是国家兴旺的标志。但是没有坚实的物质基础和经济保障，就不能保证人民能够安居乐业、安土重迁。进而，孔子又强调在富民的基础上进行教育，既看到了物质条件在稳定社会中的基础性作用，又肯定了教育在社会发展中的功能，见解真可谓精辟而又深刻。

孔子的人性论奠定了德教何以可能的哲学基础。在孔子看来，道德教育之所以能够在人民群众中推行，是因为“性相近也，习相远也”（《论语·阳货》）。“子曰：十室之邑，必有忠信如丘者，不如丘之好学也。”（《论语·公冶长》）人与人之间的天赋和秉性的差异并非不可逾越的鸿沟，人性是可以教化、塑造的。德教对于一般百姓是普遍有效的，任何人都是可教的，“有教无类”更是这一人性论的重要体现。只要执政者通过后天的德化教育，就既能使百姓循规蹈矩，又能使百姓有知耻之心，达到“有耻且格”（《论语·为政》）的道德境界，从而使国家长治久安。

在德教的内容方面，孔子在周朝以前人伦思想的基础上，提出和建立了适合古代中国宗法等级的，以家庭为本位的人伦思想和人伦规范。通过内外双修，即从内“修身养性”，从外德礼并重，达到社会有序、民风淳朴的良好状态。孔子提出了“君君、臣臣、父父、子子”（《论语·颜渊》）和“正名”（《论语·子路》）的人伦思想。孔子认为，国家动乱的主要原因是等级名分受到破坏，礼制不能推行而导致的，因此，必须“齐之以礼”，用“礼让”（《论语·里仁》）精神治理国家，使每个人都在自己的社会角色中担负起道德责任。孔子还特别强调四教，即“文、行、忠、信”（《论语·述而》）。《论语注疏》解释说：“文谓先王之遗文，行为德行，在己为德，始之为行。中心无隐谓之忠，人言不欺谓之信。此四者有形质，故可以举教也。”这些德教的内容，一方面提出培养学生只具备书本知识和实践还不够，还需养成忠、信的德行；另一方面也要求学生“入则孝，出则悌，谨而信，泛爱众，而亲仁。行有余力，则以学文”。这样就能有效调节个体行为和社会关系，维持封建统治秩序。总之，这表明孔子对学生的培养是以道德教育为中心的，把道德观念的培养放在第一位。道德教育是统治者的一项重大职责，孔子说：“不教而杀之谓之虐”（《论语·尧曰》），“以不教民战，是谓弃之”（《论语·子路》）。在孔子看来，如果没有道德教育，而在社会中实施相关的方针政策，就不是真正的德治，故为政者必须“道之以德”，用道德来教化引导百姓。统治者要用政权的力量来推行仁义礼智、孝悌忠信等道德规范，并以此作为为政的基本手段和主要内容。“道之以德，齐之以礼”是孔子德治思想的基础。前面提到，孔子之所以要提出以仁为核心的道德思想体系，就是要把礼的执行建立在仁的基础上，用“道之以德”，来使整个社会风气归于淳厚，使人们能够自觉地形成内在的自我约束。孔子认为如果以行政命令和刑罚为导向治理民众，虽然可以使民众服从，免于犯罪，但不能使百姓产生羞耻心；只有用道德良心为导向，不仅能使人民有羞耻之心，还会使人民主动追求理想的道德人格，不做坏事，不触犯刑律。故而“道之以政，齐之以刑，民免而无耻，道之以德，齐之以礼，有耻且格”。总之，只有以德作为导向，以礼来教化，才能从根本上化解矛盾，保证国家长治久安。

（三）重德轻刑

重德轻刑思想是孔子德治思想在治国方针、治民原则上的具体表现。它要求统治者用礼建设统治秩序，把道德准则作为处理政务、调节人际关系的原则。它反对把国家的统治建立在严刑峻法和对百姓的残酷镇压之上。孔子认为“德治”的作用与效果比“刑治”好。刑律的效果是表面的、暂时的和消极的；而道德教化的效果是根本的、长久的和积极的。孔子希望建立一个与暴政完全对立的宽缓温和的社会，摒弃那种用严刑峻法来治理百姓的专制主义理念。孔子认为：“善人为邦百年，亦可以胜残去杀矣。”（《论语·子路》）“听讼，吾犹人也，必也使无讼乎！”（《论语·颜渊》）可见孔子希望用道德教化来代替刑杀，以建立一个没有残暴、没有刑杀、没有诉讼的理想社会。

孔子的“德治”提倡“仁政”，反对暴政。季康子问政于孔子说：“如杀无道，以就有道，何如?”孔子对曰：“子为政，焉用杀？子欲善而民善矣。”反对用杀戮的方法来治理国家。孔子对苛政更是深恶痛绝，他的学生冉求为季氏聚敛百姓，孔子道：“非吾徒也。小子鸣鼓而攻之，可也。”在泰山旁，孔子见到为逃避赋税而躲到山里的农妇一家，他们宁愿被老虎咬死也不愿离开大山时，愤然指出：“苛政猛于虎也。”孔子也积极反对贫富悬殊、人殉制度等。孔子对战争也持不赞成的态度。卫灵公曾向孔子问军队列阵之法，孔子说：“俎豆之事，则尝闻之矣，军旅之事，未之学也。”（《论语·卫灵公》）意思是礼仪的事情，我曾经听到过，军队的事情，从来没学习过。孔子这种反对战争的思想，也为后来儒家所继承和发挥。

当然，孔子并非完全不讲刑罚，他认为治理国家应该“道之以政，齐之以刑”。《左传》有如下记载：“郑子产有疾，谓子大叔曰：‘我死，子必为政。唯有德者能以宽服民，其次莫如猛。夫火烈，民望而畏之，故鲜死焉。水懦弱，民狎而玩之，则多死焉。故宽难。’疾数月而卒。大叔为政，不忍猛而宽。郑国多盗，取人于萑苻之泽。大叔悔之曰：‘吾早从夫子，不及此。’兴徒兵以攻萑苻之盗，尽杀之。盗少止。仲尼曰：‘善哉！政宽则民慢，慢则纠之以猛；猛则民残，残则施之以宽。宽以济猛，猛以济宽，政是以和。’”孔子肯定了郑国执政大叔尽杀萑苻之盗的做法，并很有感慨地指出了宽猛相济的德治主张。可见，孔子的德治并非单纯的教化，而是要努力地使人民受教育，培养道德，能做到大公无私，却不排斥法治；尤其对无道德者、不能接受教化者，就只能用刑罚惩之。

但是，我们必须看到。孔子始终还是认为刑罚不如礼德。刑罚只能惩办于犯罪之后，而“德化”与“礼教”却能防患于未然，即所谓“礼之教化也微，其止邪于未形，使人日徙善恶而不自知”（《礼记·经解》）。孔子主张先教后诛，先德后刑，“不戒而杀谓之虐，不戒视成谓之暴，慢令致期谓之贼”（《论语·尧曰》）。所以在一般情况下，孔子总是强调道德教化，主张以德为主、以刑为辅。在孔子的政治思想中，德治始终是基本的和主导的，刑治只是在不得已的情况下采取的补充手段。在治国方针上，孔子主张重德轻法、德主刑辅、德刑相济的思想，对后世影响很大。在他的影响下，后世儒家重视道德教化，把道德水平看成社会精神文明的主要标志。这也形成了我国封建社会丰富完备的伦理道德体系和完善的伦理道德教育体系，对中华民族重德的优良传统也产生了巨大的影响。

（四）民为邦本

孔子德治思想的重要落脚点就是“重民”，把百姓作为邦宁国安的根本。孔子受周公民本思想的影响颇深，面对君臣相夺、父子相夷、道德大废、上下失序的“乱世”局面满怀济世救民的远大政治抱负，创立了以民本思想为基础的儒家政治学说。孔子认为，庶民百姓乃一国之根本，为政者必须以民为本，善待百姓。在前人的基础上，孔子进一步强化了我国古代很早就有的民本思想，希望统治者在思考和解决政治问题时，能将人民视为国家政治的核心。孔子认为政治的清明、社会的安定有赖于当权者与百姓之间的和谐、亲密的关系，所以说为政者要有“爱民敬民”的态度。孔子说：“道千乘之国，敬事而信，节用而爱人，使民以时。”（《论语·学而》）君王要治理一个大国，须谨慎从事，讲究信用，节约开支，爱民如子，徭役要避开农时。只有为政者具备了爱民之德，才能体百姓之苦，故用保民之法，进而处理好与老百姓的关系，使天下安定。

第一，爱民。孔子继承了周代以来的德治传统，视民为国之根本，“民惟邦本”的思想不断得到丰富和发展。“民之所欲，天必从之”；“天视自我民视，天听自我民听”（《尚书·泰誓中》）。这就是说，违背民愿就是违背天意，是要受到上天惩罚的。所以，为政者必须“法天”“顺人心”、养民、爱民。孔子说：“古之为政，爱人为大。”（《礼记·哀公问》）当回答子贡问如何为政时说道：“是故寡欲以容其中，慈爱以优柔之，而民自得也已。”这里的“爱人”“容民”“民自得”所强调的都是“爱民”。在孔子看来，只有统治者以“礼”“义”“信”来对待庶民，才能凝聚人心。“上好礼，则民莫敢不敬；好义，则民莫敢不服；上好信，则民莫敢不用情。夫如是，则四方之民强负其子而至矣。”（《论语·子路》）当孔子得知马房失火了时，仅仅急切地问：“伤人乎？不问马。”（《论语·乡党》）孔子的爱民思想中，还特别关注、同情“民”中的弱者、无助者。“古之听民者，察贫穷，哀孤独寡，宥老幼。”（《尚书·大传》）为了贯彻“爱民”思想，孔子要求为政者必须“尊五美，屏恶”（《论语·尧曰》），以体现“爱民”之旨。在“五美”中将“因民之利而利之”的“惠民”主放在首位；同时又将暴政、苛政置于“四恶”之首，被斥之谓“苛政猛于虎也”（《礼记·檀弓下》）。这些都是孔子为政爱民思想的具体体现。

第二，富民。子贡说：“如有博施于民而能济众，何如？可谓仁乎！”孔子说：“何事于仁，必也圣乎！尧舜其犹病诸。”（《论语·雍也》）孔子认为，能够做到“博施于民而能济众”，简直就是圣人了。

孔子充分认识到人类趋利避害的本性，理解安居乐业是所有普通人民的共同心声。《论语·里仁》中载："富与贵是人之所欲也……贫与贱是人之所恶也……"《论语·述而》中有："富而可求也，虽执鞭之士，吾亦为之。"这些论述表明孔子认为追逐富贵、厌恶贫穷是人类的天性，所以孔子提出治国之道首先应该发展经济，帮助人们富裕起来。孔子评判为政者的首要标准就是能否为百姓带来实际的利益，说明孔子把富民当成是治理国家的第一要务。

孔子提倡仁德，坚决反对空谈，极力主张事功。当孔子论及管仲推行的新政时，认为其使得经济得到长足发展，民众得以富庶安居，也凭此有"桓公九合诸侯而不以兵车"，避免了无数无辜的生灵涂炭。故而孔子赞叹道："如其仁，如其仁。"（《论语·宪问》）能用"仁"来评价一个人是不容易的，因为在孔子看来，"仁"是一个标准极高的道德范畴，一般人是难以达到的。如此表扬管仲，足见孔子对"富民"的重视。"子曰：'足食足兵'，民之信矣"（《论语·颜渊》），又是把足食置于首位。根据《论语·子路》篇记载：孔子看到卫国人口众多时，慨叹道："庶矣哉！"冉问："'既庶矣，又何加焉？'曰：'富之。'"还是强调政事必以"富民"为首。孔子从实际出发，提出实现富民的具体办法。其一，提出适时耕作的经济主张，即"使民以时"（《论语·学而》）。即做事时必以其时，不妨夺民务。这里的"时"是指季节、农时。古代经济主要是农业经济，农业生产对于时令气候有着很强的依赖性。《礼记·月令》中，就根据一年四季气候变化与农作物生长关系的规律，提出了春种、夏耘、秋收、冬藏的四季主要农事活动。只有不违农时，才能保证农业生产的顺利发展。其二，主张通过减轻赋税以保证"富民"政策落到实处，"薄赋敛则民富"（《说苑·政理》）。即先有老百姓的富足，然后才能有管理者（为政者）的富足，"百姓足，君孰与不足"（《论语·颜渊》）。"君"与"百姓"的富与否是相互关联、相互影响、相互制约的。正如儒家另一重要经典《大学》所云："财聚则民散，财散则民聚。"财之聚散直接关系到民心之向背。民心聚处自有安定的生活和正常的生产劳动秩序，那何愁国家不稳定、经济不发展、社会不繁荣？如若民心尽散，则势必使社稷危于累卵，何谈君富？这种藏富于民的思想是值得肯定的。

第三，教民。冉有问："既富矣，又何加焉？"孔子毫不犹豫地、肯定地回答道："教之。"（《论语·子路》）在孔子看来，人若不知仁、义、礼之为何物，简直不能成其为人。对于百姓，孔子不仅希望百姓人丁兴旺、有吃有穿，更希望对人们实施教化，不断地提高他们的为人和道德境界，以便成仁成圣。孔子为此而首创私学，打破了"学在官府"的贵族垄断。在他看来，只有通过教育、习染，才能使人人弃恶而从善。"道之以政，齐之以刑，免而无耻；道之以德，齐之以礼，有耻且格。"（《论语·为政》）孔子用政刑与德教社会的对比，证明在国事治理中道德教化远比政治刑罚要高远得多。只有通过道德教化，才能使民有知耻之心，行有规矩，做有典范，自觉向仁求善，收到行善于自觉、避恶于未然之佳效。而这些恰是政治刑罚望尘莫及的。"既富乃教之也，此治国之本也。"（《说苑·政理》）强调在富民的基础上进行教育，这既看到了物质条件在稳定社会中的基础性作用，又肯定了教育在社会发展中的功能，真可谓精辟而又深刻。

第四，安民。"安民""护民""不扰民"在孔子的"仁德"思想中同样占有重要地位。若人民本就生活在争战杀伐不断的环境中，居无其所，食难饱其腹，衣难蔽其体，再加之为政者肆意骚扰、重赋乱徭，其后果必然是官逼民反。所以，孔子极力主张"安民"。前面提到，进德修己的目标和落脚点在于"安人""安百姓"。那么，合理劳民就成了倡仁义、行德政的根本要求："择可劳而劳，又谁怨？"（《论语·尧曰》）只有适时、适事、适地、适量地安排劳役，才能得到人们的理解、认同和支持。也只有切实有效地做到"合理劳民"，才能真正使"老者安之，朋友信之，少者怀之"（《论语·雍也》）。这种勿扰于民的思想对于稳定社会秩序、发展农耕生产，是有积极意义的。

第三节　孟子"兴王道、施仁政"的德治理想

一、孟子德治思想的理论基础及来源

（一）当时的社会背景和历史

孟子（公元前372年—公元前289年）名轲，字子舆，鲁国邹邑人。孟子的先祖是春秋时期公族"三桓"之一的孟孙氏的后裔，属于望族。但后来随着"三桓"的不断衰落，孟孙氏的后代旁支改姓孟，迁于居邹，即孟子的祖先。

孟子幼年家贫，父亲激在其三岁的时候便去世了，他是在母亲仉氏的教育下成长的。孟子幼年，其家住在乡野，离墓地很近，于是孟子经常学做埋墓一类的游戏；孟母为了教育孩子，就搬家到集市上住。在市井上，孟子又开始学习商贾贩卖一类的事情。后来，孟母就把家搬到与学堂为邻的地方，孟子便开始学习礼乐之事。孟母很高兴地说："真可以居吾子矣。"孟子读书，中途回家。孟母问他，为什么这么早就回来了。孟子回答说自己想回来的。孟母就用剪刀剪断织机上正织的丝帛，并生气地说："你中途而废学，犹如织机上的丝帛被剪断一样。"这便是历史上有名的"孟母三迁"和"孟母断织"的故事，说明了孟子的母亲特别重视家庭环境的选择和对子女的教育。等到孟子长大后，他"受业于思之门人"（《史记·孟子荀卿列传》）。"治儒术之道，通五经，尤长于诗书。"（《孟子章句·孟子题辞》）孟子以学习和继承孔子儒学为平生的抱负。他以孔子的继承者自居，说自己"乃所愿，则学孔子也"（《孟子·公孙丑上》）。孟子十分推崇孔子，认为"自有生民以来，未有盛于孔子"（《孟子·公孙丑上》）。后人也常常不顾孔、孟学说之区别，统称其为"孔孟之道"。后来，孟子被尊为仅次于"至圣"孔子的"亚圣"。

孟子成年之后，开始到诸侯各国去游仕，希望诸侯国君能任用自己，实现自己的政治主张。《孟子》中记载，他曾游说齐、梁、鲁、邹、滕、薛、宋等国，"后车数十乘，从者数百人，以传食于诸侯"（《孟子·滕文公下》）。孟子所到之处，诸侯王以礼相待。梁惠王向孟子说："寡人

愿安承教。”（《孟子·梁惠王上》）滕文公派老师然友到邹国“问于孟子”（《孟子·滕文公上》）。“于齐，王馈兼金一百，而不受；于宋，馈七十镒而受；于薛，馈五十镒而受。”（《孟子·公孙丑下》）齐宣王表示过：“我欲中国而授孟子室，养弟子以万锺，使诸大夫国人皆有所矜式。”（《孟子·公孙丑下》）在见齐宣王时，“孟子为卿于齐，出吊于滕”。后来因为不赞成伐燕，和齐王意见不合，辞去卿位，离齐。在辞官后，孟子“三宿而出昼”，期待齐王回心转意，重新召回他。可是，齐王没有再任用他。孟子生活的时代，正是“秦用商君，富国强兵：楚魏用吴起，战胜弱敌；威王、宣王用孙子、田忌之徒，而诸侯东面朝齐”（《史记·孟子荀卿列传》）。孟子认为“春秋无义战”（《孟子·尽心下》），故主张仁义之政，“善战者服上刑”（《孟子·离娄上》），因而他的学说被认为“迂远而阔于事情”，其政治主张得不到当政者的赏识。孟子在政治上屡遭挫折，便无心于政治。晚年，他返回自己的家乡邹，与门人弟子一起讲学论道，作《孟子》七篇，以传于世。《孟子》一书是关于孟子言行的记录，是孟子及其弟子共同编写的。孟子自称“知言”，即好辩，是战国中期著名的辩论家。这部书的主要内容是讲政治问题和道德的问题，是我国德治思想宝库中的珍贵遗产。

孟子作为孔子的继承人，进一步丰富和发展了孔子的德治思想。与孔子生活的“礼崩乐坏”的时代不一样，孟子生在一个雄群争霸、战乱不已，并且“庖有肥肉，厩有肥马，民有饥色，野有饿莩”的时代。在这个新旧交替的时期，没落中的贵族政权特别残暴，不但战火连连，而且横征暴敛，不断地榨取人民，用严刑酷法钳制人民，广大人民生活在水深火热之中。因此，孟子从孔子的思想中认识到了“仁”的重要性，他针对当时统治者的“虐政”，主张“发政施仁”。总之，孟子的德治思想以仁政为理论核心，以“性善论”为其理论依据，以“民贵君轻”为要旨，他通过存王去霸、克力行德的思想阐发，把孔子的德治思想进一步发展变为一套比较完整和系统的“德治”学说。

（二）孟子的性善论

在中国传统哲学中，人性问题是道德哲学理论中最基本的问题之一。

而孟子就从人性出发，构建了一套以“性善论”为基础的德治思想体系。孟子认为，“德”是“德治”的重要内核，“德”也是对人性的一种本质规定。“人皆有不忍人之心。先王有不忍人之心，斯有不忍人之政矣。以不忍人之心，行不忍人之政，治天下可运之掌上。”所谓“不忍之心”，就是仁慈之心，是善心、良心。这种“心”不仅统治者有，而且天下百姓人人都有。为什么人人都会有“不忍之心”，是因为人性本善，“善”是人性中固有本质和情怀。

孟子认为，从生理机能上看，人与其他动物没有什么差别。但从本质上看，人和动物确是有重大分别的，人性本善就是本质区别。唯一体现人本性的就是“四心”，即恻隐之心、羞恶之心、辞让之心、是非之心。这“四心”是人所特有的，是人之所以为人的根本标志。离开了这“四心”，则人就不再是真正意义上的人，而变成与禽兽无异的低等动物了。“无恻隐之心，非人也；无羞恶之心，非人也；无辞让之心，非人也；无是非之心，非人也。”人和禽兽的根本区别就在于人有向善的道德意识，而禽兽却没有。

孟子把“四心”作为体现人性道德的起点和道德根源，认为“四心”是人生而有之的。“恻隐之心，仁之端也；羞恶之心，义之端也；辞让之心，礼之端也；是非之心，智之端也。人之有是四端，犹其有四体也。”人之所以有“四心”，来源于人性固有的仁、义、礼、智四端。“仁义礼智非由外铄我也，我固有之也。”在孟子看来，既然人先天具有仁、义、礼、智四种善端，这就足以说明人的本性是善的。孟子认为人性本善，是指从人本来的资质而言，都可以使之趋向善良。以人的资质而言，每个人都包含着善的萌芽、善的倾向，人们的先天本性相同，即使圣人也不例外。正因为人性本善，只要人人愿意扩充善端，故“人皆可以为尧舜”。但是，孟子同样认为，虽然人人都有成为尧舜的可能性，但是并非每个人就一定能够成为像尧舜那样的圣人。因为人性善只是一种潜在的、趋向性的善，每个人对自己本性中善的保存和发挥程度又不一样，故而产生了种种的人格差异。因此，在现实生活中，人性的善就有可能会转变成恶。孟子也具体分析了一些现实生活中，引起性善变恶的因素。“富岁子弟多赖，凶岁子弟多暴，非天之将才尔殊也，其所以陷溺其心者然也。”外界环境可以对人的本心产生干扰，安逸舒适的环境会使人堕落和不思进取，而到了灾荒战乱时，人们又会变得残暴放纵，人们为了个人私利而不择手段，其先天善性也就此陷溺。孟子认为，对于道德本心，“求则得之，舍则失之，或相倍蓰而无算者，不能尽其才者也”。仁义礼智这四端原本植于人的内心深处，需要对其加以深刻的反思才能体会到；如不去探求，它会逐渐被埋没，直至丧失。孟子的性善论不仅为其德治思想奠定了理论基础，也论证了统治者实施德政的可行性和必要性。

二、孟子德治思想的主要内容

（一）对孔子“仁”的进一步发挥

孟子的德治思想是对孔子“仁”学思想的承续与发展。作为儒家学说的传人，孟子把孔子“仁学”思想的精髓融入自己的思想，并把它发展成为缓和阶级矛盾、巩固封建地主阶级政权的政治纲领——仁政学说。

第一，孔孟都把“仁”理解为仁爱、爱人。《论语》中载：“樊迟问仁，子曰：‘爱人。’”仁也就是对他人的爱，这也是儒家处理人伦关系的最基本准则，也是孔子仁学思想的灵魂。孟子在此基础上直接提出了“仁者爱人”的口号，在这个层面上讲，孔孟的“仁”别无二致。孟子接着对“仁”进行了补充，他认为：“君子之于物也，爱之而弗仁；于民也，仁之而弗亲。亲亲而仁民，仁民而爱物。”这里，“仁”的内涵就在“物”和“人”之间区别开来了。儒家虽然讲要以博大的爱心对待一切人与物，但是对待人与对待物是必须有所区别的。对万物只能是“爱”，而不能是“仁”。可见，孟子发展了孔子爱人之“仁”，并把其作为对人的专属原则确定下来。

第二，孔孟都从亲缘关系对“仁”加以诠释。孔子和孟子都认为孝悌为仁之根本，然后推己及人，由近及远地推衍开去爱其他人与其他事物。孔子非常重视血缘之爱，认为孝亲和敬兄爱弟为“仁”之本，即孝悌为“仁”之根本。《论语·学而》曰：“孝弟也者，其为仁之本与!”

孟子继承了孔子重孝悌的思想。《孟子·离娄上》曰："仁之实，事亲是也。义之实，从兄是也。"这是对《论语》中孝悌为人之本的发挥，以爱亲为"仁"的根本，敬兄为"义"的根本。《孟子·告子下》中载："尧舜之道，孝弟而已矣。"《孟子·尽心上》曰："亲亲，仁也；敬长，义也。"这都是以爱、敬解释"仁"，从爱自己的亲人开始，把对亲人的爱推而广之、由己及人，才能爱他人及他人之亲，可见孝悌在孟子"仁"的思想中的重要地位。不仅如此，孟子主张人不仅要爱与自己有血缘关系的人，而且要对社会上所有的人不分贫富贵贱、尊卑长幼，一一爱之，即爱人是朴素的、自然的、普遍的。但是，孟子的爱也是有先后次序的，是由近及远的："老吾老，以及人之老；幼吾幼，以及人之幼"（《孟子·梁惠王上》）。意思是尊敬自己家里的长辈，从而推广到尊敬别人家里的长辈；爱护自己家里的儿女，从而推广到爱护别人家里的儿女。

第三，孟子对孔子"仁"根源的发展。孔子认为"仁"不是由上天所命，而是由人后天形成的品德。《论语·阳货》有载："子曰：'性相近也，习相远也。'"孔子认为，人的品性品质在幼年时相差不大，只是在成长过程中，由于生活经历、教育背景及自我引导方式不同而相去甚远。孔子强调"仁"靠主观自觉和自我反省来实现，《论语·学而》有载："曾子曰：'吾日三省吾身：为人谋而不忠乎？与朋友交不信乎？传不习乎？'"并且孔子强调"仁"要靠礼来实现，《论语·颜渊》曰："克己复礼"，"非礼勿视，非礼勿听，非礼勿言，非礼勿动。"在"礼"的外在性和强制性中去实现"仁"，这在客观上使"仁"外在化。孟子把"仁"视为人与生俱来的先天本能与本性，《孟子·尽心下》曰："仁义礼智，非由外铄我也，我固有之也。"孟子认为"仁"的与生俱来性决定了"仁"对于人来说是先天固有的、内在的。而且孟子"恻隐之心，仁也"的提法本身就把"仁"归到了内在精神意识的行列。孔子把"仁"视为思想情感和内容实质，把"礼"视为外在的礼节和表现形式，而孟子则把孔子外在的礼内化于心。《孟子·公孙丑上》曰："辞让之心，礼之端也。"《孟子·告子上》曰："恭敬之心，礼也。"由此可见，孔孟对

"仁"是后天形成还是先天形成的认识是有所不同的。

第四，孟子拓展了达"仁"的途径。孔子认为"仁"很容易就可以达到，只要心中有"仁"就可以做到"仁"。而孟子则认为"仁"是人自身本性所固有的东西，这种内心的"仁"只是"仁"的发端，只有不断地追求和扩充，才可以真正达到"仁"。孔子把"仁"视为最高的道德原则和道德境界，给"仁"定了很多的标准，但是孔子认为"仁"并不是不可以达到的，只要真心去追求"仁"，就可以达到"仁"。《论语·述而》曰："仁远乎哉？我欲仁，斯仁至矣！"可见孔子认为只要心中有"仁"，就可以做到"仁"。而孟子则认为人本性所固有的"仁"只是"仁"的发端，只有通过对内心"仁"的不断追求才可以达到。《孟子·尽心上》曰："求则得之，舍则失之，是求有益于得也，求在我者也。"由此可见，孔孟对如何达到"仁"的认识是不同的。

（二）"尊王贱霸"的王道思想

孟子认为统治天下的道路有两条，即王道和霸道。孟子提出："以力假仁者霸，霸必有大国；以德行仁者王，王不待大——汤以七十里，文王以百里。以力服人者，非心服也。力不赡也；以德服人者，心中悦而诚服也，如七十子服孔子也。"（《孟子·公孙丑上》）从这里可以看出，孟子界定王与霸的分别在于"以力假仁""以力服人"，还是"以德行仁""以德服人"。也就是说，孟子在这里强调的实际是政治路线，即为王者之道还是为霸者之道。所谓王道即真正地实行仁政；所谓霸道即以仁义为标榜，但实际上是靠武力实行强权的政治。从真诚地"以德行仁"还是"以力假仁"的意义上来说，王霸两者是截然对立的。不过，在孟子看来，这种对立并非一成不变的。孟子曾说："尧舜，性之也；汤武，身之也；五霸，假之也。久假而不归，恶知其非有也？"（《孟子·尽心上》）这是认为"以力假仁"犹胜于不假。"五霸桓公为盛。葵丘之会，诸侯束牲载书而不歃血。初命曰：'诛不孝，无易树子，无以妾为妻。'再命曰：'尊贤育才，以彰有德。'三命曰：'敬老慈幼，无忘宾旅。'四命曰：'士无世官，官事无摄，取士必得，无专杀大夫。'五命曰：'无曲防，无遏籴，无有封而不告。'曰：'凡我同盟之人，既盟之后，言归于好。’今之诸侯，皆犯此五禁，故曰：今之诸侯五霸之罪人也。”（《孟子·告子下》）孟子从当时的现实出发，认为当今诸侯连“假仁”也做不到了。所以，我们可以从孟子对五霸的态度看出，孟子指出的王霸的问题，实质是在提倡仁政和德治。

第一，王道与统一的关系。梁襄王问孟子：“天下恶乎定?”孟子的回答十分简洁明确：“定于一。”（《孟子·梁惠王上》）从孟子有关现实社会问题的言论来看，孟子对因政治上的分裂和由此而形成的兼并战争给人民带来的苦难是感受至深的。所以孟子讲统一，目的主要在于解决社会的安定问题，在于消除虐政，解除人民的倒悬之苦。对于如何才能统一，孟子认为：“今王发政施仁，使天下仕者皆欲立于王之朝，耕者皆欲耕于王之野，商贾皆欲藏于王之市，行旅皆欲出于王之途，天下之欲疾其君者皆欲赴诉于王。其若是，孰能御之?”也就是说，实施仁政，以德治国是国家统一的必由之路。孟子有说：“今夫天下之人牧，未有不嗜杀人者也。如有不嗜杀人者，则天下之民皆引领望之矣。诚如是也，民之归之，由水之就下，沛然谁能御之?”孟子在由谁来统一天下的问题上的态度也是明确的，即谁不喜好杀人，人民就会归附，也就能为政于天下。对于实施仁政的目的，孟子认为并非是要愈古的政治愈好，也并不是要恢复名存实亡的西周政权，而是为了于实现社会安定，解除人民的痛苦。

第二，王道与战争的关系。在对待战争的问题上，孟子反对当时的诸侯混战，并把它称为“失道”之战。孟子认为：“争地以战，杀人盈野；争城以战，杀人盈城，此所谓率土地而食人肉，罪不容于死。”孟子认为，为当时诸侯国君强战便是人民的贼人，故有“今之所谓良臣，古之所谓民贼也”。所以孟子主张“善战者服上刑，连诸侯者次之，辟草莱、任土地者次之”。对好战之人进行严惩。孟子并不是反对一切战争，而是认为存在“得道”之战。比如汤攻打桀、武王伐纣，他们的目的并非“弑君”，而是“诛一夫”，是王者之师的“得道”之战。所以，孟子认为只有仁者才可以去进行战争，因为只有仁者才能得到人民的拥护。“《书》曰：‘汤一征，自葛始。’天下信之。东面而征西夷怨，南面而征北狄怨，曰：‘奚为后我？’民之望之，若大旱之望云霓也。归者不止，耕者不变。诛其君而吊其民，若时雨降，民大悦。《书》曰：‘奚我后，后来其苏。’”（《孟子·梁惠王上》）从以上观点可以看出，孟子认为战争的目的在于拯救人民，是吊民伐罪，进行战争的原则必须是以仁伐不仁。《孟子·尽心下》中载：“尽信书，则不如无书。吾于《武成》，取二三策而已矣。仁者无敌于天下。以至仁伐至不仁，而何其血之流杵也？”这种说法在一定程度上把以仁伐不仁的战争理想化了，孟子认为仁者无敌，所以以仁伐不仁的战争就应该是兵不血刃的，是受到人民争先恐后欢迎的。

对于决定战争胜负的因素，孟子是这样看的：“天时不如地利，地利不如人和。三里之城，七里之郭，环而攻之而不胜。夫环而攻之，必有得天时者矣。然而不胜者，是天时不如地利也。城非不高也，池非不深也，兵革非不坚利也，米粟非不多也，委而去之，是地利不如人和也。故曰：域民不以封疆之界，固国不以山溪之险，威天下不以兵革之利。得道者多助，失道者寡助。寡助之至，亲戚畔之。多助之至，天下顺之。以天下之所顺，攻亲戚之所畔，故君子有不战，战必胜矣。”（《孟子·公孙丑下》）所谓“得道”“失道”的道，即孟子引申孔子所讲的“道二，仁与不仁而已矣”（《孟子·离娄上》）的道。所以，这里孟子讲的还是仁者无敌。一般地，从理论上讲，孟子强调决定战争胜负的是人而不是物，强调人民拥护对于战争胜利起决定作用，强调战争的正义性即以仁伐不仁是取得人民拥护的根本，这种以民为本的战争思想是很宝贵的。

第三，王道与伦理的关系。其一，君权绝对。孟子对此做了两个方面的论述。他说：“天降下民，作之君，作之师，唯曰其助上帝宠之，四方有罪无罪唯我在，天下曷敢有越厥志？”从天的角度论述了君与民的来源，并为其进行了划分。他又说：“有大人之事，有小人之事”，“或劳心，或劳力。劳心者治人，劳力者治于人。治于人者食人，治人者食于人。天下之通义也”。这是从社会分工、社会管理的角度论述了投资者与被统治者的关系问题。君权虽然在一定程度上是绝对的但又非唯一，因为君权虽然承受于天，但“天不言，唯行事示之而已矣”，“天视自我民视，天听自我民听”，只有荐“于天而天受之，暴之民而民受之”，君权才能取得。言下之意，君权之外有天之权、有民之权。孔子认为天授权于君，君不好可以更换，这就能解释汤于桀、武王于纣的取代。其二，王与天道。孟子认为：“五百年必有王者兴，其间必有名世者。由周而来，七百有余岁矣。以其数，则过矣；以其时考之，则可矣。夫天未欲平天下也，如欲平治天下，当今之势，舍我其谁？吾何为不豫哉？”这表明了孟子对自己王道学说的肯定与赞赏。孟子认为自己的王道学说是自古以来的治世之道的延续。“由尧舜至于汤，五百有余岁，若禹、皋陶则见而知之；若汤则闻而知之。由汤至于文王，五百有余岁，若伊尹、莱朱则见而知之；若文王则闻而知之。由文王至于孔子，五百有余岁，若太公望、散宜生则见而知之；若孔子则闻而知之。由孔子而来，至于今百有余岁，去圣人之世若此其未远也，近圣人之居若此其甚也，然而无有乎尔，则亦无有乎尔。”然而，王道的实现与否还与天命的最后作用有关。孟子认为：“莫之为而为者，天也；莫之致而致者，命也”，“天下有道，小德役大德，小贤役大贤；天下无道，小役大，弱役强。斯二者，天也。顺天者存，逆天者亡”，“天下有道，以道殉身；天下无道以身殉道”。因此，“存其心，养其性，所以事天也。夭寿不贰，修身以俟之，所以立命也”。“君子行法，以俟命而已矣。”孟子认为，王道理想虽然在他的一生中未能实现，但仍要依法度而行，修心养性，尽自己最大的努力把事情做好，等待机会和命运。

（三）为政者的自我修养

第一，君正国定。孟子心目中理想的德治图式是要使有圣人之德性修养的人来担任君主这样的职责。他认为，要想以仁政王道治理国家社会，君王首先自己必须具有高尚的道德人格，正所谓，“君仁莫不仁，君义莫不义，君正莫不正。一正君而国定矣”（《孟子·离娄上》）。孟子认为，要施行仁政，以德治国，一国之君本人首先必须树德，因为统治者扮演着君和父的双重角色，集政治权威与家长权威于一身，他们的思想倾向和行为表现对世人具有一种价值导向性和榜样示范性，他们的道德水平直接影响着整个社会的道德风貌。但是在现实生活中，君王往会因外界环境的影响或自我的放纵而偏离正道，甚至做出恶行。为纠此弊，孟子也要求作为执政者的大臣们也要肩负起“正君心”的重任，“务引其君以当道，志于仁而已”(《孟子·告子下》)。大臣们只有“责难于君”“陈善闭邪”，才是对君主的“恭敬”。如果君主有错误，大臣要反复劝说；如果反复劝说君主仍然不听，就离开这样的君主。孟子认为要想实现德治王道之理想，除强化外在的监督、匡正君王之心外，还需要君主与大臣不断地加强自己的德性修养。而想要修养德性，就是要“存其心”，在保持自己的善心基础之上，通过“养浩然之气”来不断地培养执政者的治国良心。总之，孟子认为，统治者要求别人做到的，自己必须首先做到；要求别人不做的，自己必须首先不做；一旦在位上的统治者端正了自己的态度、行为和作风，则天下百姓会纷纷仿效，这样一来，国家就自然会和谐太平了。

第二，先义后利。孟子认为，统治者在对待道德与利益的关系问题上，必须坚持先义而后利，把仁义放在首位，把个人利益放在第二位。对于“义”的含义，孟子给出了这样的解释：“夫义，路也；礼，门也。惟君子能由是路，出入是门也。”(《孟子·万章下》)“仁，人心也；义，人路也。舍其路而弗由，放其心而不知求，哀哉!”(《孟子·告子上》)“仁，人之安宅也；义，人之正路也。旷安宅而弗居，舍正路而不由，哀哉!”(《孟子·离娄上》)孟子已把“义”提高到人生的根本高度，喻之为“人路”。如正确的大道一样，“义”是人们一切行为的必由之途，孟子把“义”看作人生应遵循的基本道德规范。同时，孟子还把“义”看作一种理想的人格，认为“义”比生命重要。对一个人来说，生命是宝贵的，但跟“义”相比，“义”更重要。当“生”与“义”发生冲突、不可得兼时，应该毅然决然地“舍生取义”。“生亦我所欲也，义亦我所欲也。二者不可得兼，舍生而取义者也。”(《孟子·告子上》)孟子认为，一个人应该坚定不移地捍卫自己的理想，不惜为之献出生命，绝不能丧失气节，背“义”而生，从而把“义”提高到至高无上的地位。总之，孟子认为“义”应是君子矢志不移遵循的道德规范。故有，“穷不失义，达不离道。穷不失义，故士得己焉；达不离道，故民不失望焉。古之人，得志，泽加于民；不得志，修身见于世。穷则独善其身，达则兼济天下”（《孟子·尽心上》）。

孟子提倡“义”，反对“利”，其实质就是要求人们以“义”为先，追求社会正义，遵循社会道德规范、政治原则，反对见利忘义、放弃仁义而去追求物质利益，维护封建统治秩序，巩固封建统治。首先，孟子认为，处理君臣、父子、兄弟的关系时，必须依靠“义”来维持，而不能仰仗“利”来维持。君臣、父子、兄弟的关系如果靠“义”来维持，家庭就会和睦团结，国家就会安定统一；如果靠“利”来维持，“去仁义，怀利以相接”，最终会导致家破国亡。孟子说：“为人臣者，怀利以事其君；为人子者，怀利以事其父；为人弟者，怀利以事其兄，是君臣、父子、兄弟终去仁义，怀利以相接，然而不亡者，未之有也……为人臣者，怀仁义以事其君；为人子者，怀仁义以事其父；为人弟者，怀仁义以事其兄，是君臣、父子、兄弟去利，怀仁义以相接也，然而不王者，未之有也。”（《孟子·告子下》）其次，可以锤炼“清心寡欲”“非有勿取”的理想人格。孟子把“义”作为理想人格的道德标准，提倡道德修养，以恢复、扩充人心固有的善性。孟子认为加强道德修养的关键在于寡欲，即摒除外界事物的诱惑，使善端不受干扰，并得以保存和发展。孟子说：“养心莫善于寡欲，其为人也寡欲，虽有不存焉者，寡矣；其为人也多欲，虽有存焉者，寡矣。”（《孟子·尽心下》）他认为追求过多的物质利益会使人失去善性。孟子把当时社会的弊端与战乱归结为人们的“求利”与“多欲”，所以提倡“义”，反对“利”，认为要达到理想人格的境界，就要“寡欲”。最后，可以培养民众以“义”为本的利观。孟子说：“非其有而取之，非义也。”（《孟子·尽心上》）他认为不是自己的却取过来，是为不义。孟子认为合乎道义的利再大，哪怕是像舜接受尧的天下那样大的利，也不为过；不合乎道义的利即便再小，哪怕是一碗饭，也是不能接受的。故有“非其道，则一箪食不可受于人；如其道，则舜受尧之天下，不以为泰”（《孟子·滕文公上》）。孟子以“义”来要求人们对待财物，一方面是要求人们恪守封建礼制规范，保持生产生活上的民主与平等；另一方面也反映了孟子对当时赤裸裸的利欲追求，以及统治者剥削人民的反感和厌恶。

第三，尊贤使能。孟子认为贤人对君王行仁政、统一天下的意义重大。他揭示了“不信仁贤，则国空虚”，意思是不信任仁贤的人，国家就会空虚。孟子认为，君王如果任用贤人，其国家就会平安、富足、尊贵而有名誉；少年子弟信从他，就会孝父母、敬兄长、忠心而守信实。孟子说：“君子居是国也，其君用之，则安富尊荣；其子弟从之，则孝悌忠信。”（《孟子·尽心上》）首先，尊贤体现在君王对贤者的态度上。孟子认为君王不应该因为自己高高在上的地位而轻慢贤者，应该以礼相待。《孟子·万章下》记载了孟子有关君王应尊贤的论述：“为其多闻也，则天子不召师，而况诸侯乎？为其贤也，则吾未闻欲见贤而召之也。缪公亟见于子思，曰：‘古千乘之国以友士，何如？’子思不悦，曰：‘古之人有言曰，事之云乎，岂曰友之云乎？’子思之不悦也，岂不曰：‘以位，则子，君也；我，臣也；何敢与君友也？以德，则子事我者也，奚可以与我友？’千乘之君求与之友而不可得也，而况可召与？”在这段话中，孟子借用了子思的话，即“古之人有言曰，事之云乎”，意思是古语有国君以士人为师，孟子提出贤人在品德方面是君王学习的对象，不可以由君王任意召唤，君王如果想与贤人会面，就应该依循规矩礼节。其次，尊贤体现在用贤上。孟子曾讲述鲁缪公屡次给子思送肉食，而子思不高兴的故事。孟子认为君王真正喜爱贤人，就应该尊重贤人，使“贤者在位”，并且以礼而不是物质来供养贤人。孟子以尧对舜的行为、态度为例：“尧之于舜也，使其子九男事之，二女女焉，百官牛羊仓廪备，以养舜于畎亩之中，后举而加诸上位，故曰，王公之尊贤者也。”（《孟子·万章下》孟子指出尧让自己的九个儿子向舜学习，把自己的两个女儿嫁给舜，而且各种官吏，以及牛羊、仓库无不具备，使舜在田野之中得到周到的生活照顾，然后提拔舜到很高的职位上，这是王宫尊贤的范例。从“尊贤”可以看出孟子在君臣的伦理关系处理上的观点，强调君王应该从态度及行为两方面尊重贤人。贤人因为道德高尚应该得到君王的尊重，又因为可以辅佐君王治国应该得到礼遇。

总之，君主在选拔官吏时要“尊贤使能，俊杰在位”（《孟子·公孙丑上》）。只有这样，才能选拔出真正执行君主仁政的各级官吏。君主要善于倾听百姓的意见，惩治那些贪污腐败、鱼肉百姓的官吏，采取各种措施来确保各级官吏能够保持自己的善性，以确保“德治”的实现，仁政措施的执行。

第四，为官以德。孟子把官员比作替人牧牛羊的人，“今有受人之牛羊而为之牧之者，则必为之求牧与刍矣。求牧与刍而不得，则反诸其人乎？抑亦立而视其死与？”（《孟子·公孙丑下》）这里的人指君王，孟子认为官员的权力来自君王，官员替君王管理百姓，将百姓治理好是官员的职责所在，没有实现职责就应该归还职位。

从现实层面出发，孟子认为官员的道德境界分为四个层次：一是一味讨君主喜欢的事君层次；二是以安定国家为兴事的社稷之臣层次；三是实行仁义之道于天下的天民层次；四是自己端正外物也跟随着端正的大人层次。正如孟子所说：“有事君人者，事是君则为容悦者也；有安社稷臣者，以安社稷为悦者也；有天民者，这可行于天下而后行之者也；有大人者，正己而物正者也。”（《孟子·尽心上》）

一方面，官员应该爱民。孟子认为作为官员，代替君王治理百姓，就应该把百姓治理好。如《孟子·公孙丑下》记载：“‘然则子之失伍也亦多矣。凶年饥岁，子之民，老羸转于沟壑，壮者散而之四方者，几千人矣。’曰：‘此非距心之所得为也。’曰：‘今有受人之牛羊而为之牧之者，则必为之求牧与刍矣。求牧与刍而不得，则反诸其人乎？抑亦立而视其死与？’曰：‘此则距心之罪也。’”孟子认为，灾荒年成，年老体弱抛尸露骨于山沟中、年轻力壮的人四处逃跑是当地治邑大夫孔距心的罪过。孟子把官员比作是接受别人的牛羊而替人放牧的人，如果不能替牛羊找到牧场和草料就应该把它们物归原主。孟子指出官员如果不关心百姓，残害百姓，就会得到百姓的报复。据《孟子·梁惠王下》记载：“邹与鲁讧。穆公问曰：‘吾有司死者三十三人，而民莫之死也。诛之，则不可胜诛；不诛，则疾视其长上之死而不救，如之何则可也？’”邹国与鲁国发生战争，官吏牺牲三十三人，百姓却没有一个为官吏死难的。

孟子认为这是由于官吏不关心百姓、残害百姓的结果。官吏没有尽到向君王报告民情的职责，使得“凶年饥岁，君之民老弱转乎沟壑，壮者散而之四方者，几千人矣”（《孟子·梁惠王下》），因此遭到了百姓的报复，“民今而后得反之也”（《孟子·梁惠王下》）。所以，官员对民众的爱与君王对民众的爱是一致的。

另一方面，官员应该自尊自爱。在孟子回答孟陈子如何为官时，指出了就职与离职的三种情况，如《孟子·告子下》记载：“孟子曰：‘所就三，所去三。迎之致敬以有礼；言，将行其言也，则就之。礼貌未衰，言弗行也，则去之。其次，虽未行其言也，迎之致敬以有礼，则就之。礼貌衰，则去之。其下，朝不食，夕不食，饥饿不能出门户。’君闻之，曰：‘吾大者不能行其道，又不能从其言也，使饥饿于我土地，吾耻之。’周之，亦可受也，免死而已矣。”孟子又提出了就职和离职的情况有三种：一是有礼貌地来迎接，对他的言论又打算实行，便就职。礼貌虽未衰减，但是言论已不实行了，便离开。二是虽然没有实行他的言论，但还是很礼貌恭敬地迎接，也便就职。礼貌衰减，便离开。三是由于没有饭吃，饿得不能行走，为了免于死亡接受官职。从以上三种情况可以看出，孟子认为官员应该自尊自爱：首先，官员获取官职应该通过合乎礼义的道路。据《孟子·万章上》记载：孟子曾为伊尹、百里溪依靠不正当的途径向君王求得官职辟谣，传说中伊尹作了厨师切肉做菜向汤求职，以及百里溪把自己卖给秦国人以此向秦穆公求职。从孟子言论中可以看出孟子认为官员应该依靠自己高尚的品德与卓越的才获得君王的尊重，得到官职。其次，官员应该履行职责。在任职过程中当君王不采纳官员的谏言、官员不能实现其职责时，孟子认为官员就应该辞掉职位，不应该推脱责任，“有官守者，不得其职则去；有言责者，不得其言则去”（《孟子·公孙丑下》）。因为在孟子看来，官员如木匠、玉人一样，是具备治国技能的人，其行为必然有其中的道理，应该得到君王的尊重，君王如果没有认识到官员治国技能的重要性就如同“教玉人雕琢玉哉”（《孟子·梁惠王下》）一样。同时他也可以理解人们由于贫困为俸禄做官，为了生存仍可以任职，但是他提出“位卑不能言高”（《孟子·万章下》）的要求，可见孟子具有强烈官责意识。

（四）孟子的民本思想

春秋战国时期，旧的奴隶制的瓦解导致小国林立、战乱迭起。各诸侯国君都励精图治、富国强兵，谋求以武力横霸天下。孟子反对这种横征暴敛、穷兵黩武、灭绝人性的霸道行径，并通过总结夏商周三代灭亡的历史教训，提出了自己的看法："得天下有道：得其民，斯得天下矣"。在孟子看来，得天下的根本在于得民，而不是得国土、财物。孟子的这一主张与当时诸侯国所采用的杀人以争地掠物的做法截然不同。总之，在先秦诸子的德治学说中，孟子的"民本"思想最引人注目。冯友兰（2011）认为民本"乃孟子政治及社会哲学之根本意思"。按照当时流行的观念，一切政治、经济及社会制度皆为贵族阶级所设，是为贵族利益服务的，而孟子却认为一切制度均应以民为中心，为民而设，即便是君王亦应为民而设并服务于民。

第一，民贵君轻。孟子认为："民为贵，社稷次之，君为轻。是故得乎丘民而为天子，得乎天子为诸侯，得乎诸侯为大夫。诸侯危社稷则变置。牺牲既成，粢盛既洁，祭祀以时，然而旱干水溢，则变置社稷。"（《孟子·尽心下》）也就是说人民比国家重要，比之君王更为重要，君王只有依靠人民才能取得政权，诸侯社稷都有可能更替，而人民却永存而不动摇。在这里，孟子实际上指出了人民之于君王微妙的制衡性关系。因为在孟子看来，民心向背直接关乎政权的转移与君王之安危，故有"桀、纣之失天下也，失其民也；失其民者，失其心也"（《孟子·离娄上》）。孟子认为桀纣之所以失去天下，根本原因在于失去了人民的支持。他们虽然统治着整个国家，表面上看似乎拥有了人民，但他们的残暴统治却得不到人民的心，得不到人民真诚的拥护，正所谓"以力服人者，非心服也，力不赡也"。相反，统治者若从仁义出发，爱护和关心人民，就能得到人民的真心拥护与支持，"以德服人者，中心悦而诚服也"。得到了民心，也得到了人民，得到了国家，便是得到了政权。因此，民心向背是政治成败、国家存亡的关键。

第二，听民之言。孟子主张开放言路，提倡思想自由，对现实政治生活发表看法。孟子认为统治者不仅要认识到民贵君轻，在治理国家过程中还必须纳谏，要“听民之言”。举凡重大决策必须让民众知晓，更要让民众参与，发表看法。孟子还进一步提出：统治者应该把民众的意见作为评判、决断国家大事的根本依据，重大事情不能由国君一个人或者是少数人说了算，而应该倾听人民群众的意见。“国君进贤，如不得已，将使卑逾尊，疏逾戚，可不慎与？左右皆曰贤，未可也；诸大夫皆曰贤，未可也；国人皆曰贤，然后察之，见贤焉，然后用之。左右皆曰不可，勿听；诸大夫皆曰不可，勿听；国人皆曰不可，然后察之，见不可焉，然后去之。左右皆曰可杀，勿听；诸大夫皆曰可杀，勿听；国人皆曰杀，然后察之，见可杀焉，然后杀之。故曰国人杀之也，如此，然后可以为民父母。”从人才的使用、罢免，直至杀死一个人，都不能由国君一个人说了算，而是由广大民众来鉴别分析，推而广之，其他政事亦应如此。不仅要“听民之言”，孟子主张“为民上”的统治者，应该做到“与民同乐”，“乐民之乐者，民亦乐其乐；忧民之忧者，民亦忧其忧。乐以天下，忧以天下，然而不王者，未之有也”。君王要把老百姓的快乐当作自己的快乐，老百姓也会把君王的快乐当作自己的快乐；君王把老百姓的忧愁当作自己的忧愁，老百姓也会把君王的忧愁当作自己的忧愁。乐，要同天下人一起乐；忧，要同天下人一起忧，这样就必然实现王道政治，天下一统。孟子的主张，虽然有理想化的成分，却是中国千百年来无数仁人志士所追求的理想境界，成为人们追求民族和谐、政治安定、社会进步和繁荣的思想动力和精神支持。

第三，制产薄赋。孟子的民本思想，在经济上是要保持小生产者的稳定，适当地满足小生产者的利益。因此他在经济方面提出了“制民之产”的主张。《孟子·梁惠王上》篇载：“孟子曰：‘无恒产而有恒心者，惟士为能。若民，因无恒心。苟无恒心，放辟邪侈，无论为已。及陷于罪，然后从而刑之，所罔民也。焉有仁本所位罔民而可为也？所故明君制民之产，必使仰足除事父母，俯足除蓄妻子，乐岁终身饱，凶年免于死亡；然后驱而之善，故民之从之也轻。’”如果人民没有“恒产”，就会没有“恒心”，老百姓生活困难就不会安于受剥削、压迫，必定会起来反抗，这是社会动乱所根本原因。因此，君主必须保证民众的基本生活。让他们可以养活父母妻子，凶年也不至于流离死亡。这样才能使百姓为善，安分守己地生活。也就是说，人民只有在物质生活得到保障的情况下才会对国君衷心拥戴，才能达到“有恒产者有恒心”。而如果统治者一味穷兵黩武、鱼肉百姓，那么最终会导致“众叛亲离”的后果。实际上，人民的利益就是国家的利益，只有人民的利益得到了保障，国家的整件利益才能体现出来。孟子“制民之产”的思想主要体现在以下两方面：

一是正经界。孟子说：“夫仁政，必自经界始。经界不正，井地不钧，谷禄不平，是故暴君污吏必慢其经界。经界既正，分田制禄，可坐而定也。”经界即指田地间的分界。在春秋以前，中国实行的是分封制，天子把土地和百姓分封给各个诸侯，诸侯把土地和百姓分给管辖下的卿大夫，大夫再分给家臣，就这样一层一层地分下去。不过他们分到的只是食禄权和使用权，并不是土地所有权。土地所有权属于天子。到了战国时期，这种制度逐渐被“为田开歼陌，民得买卖”的土地政策代替了，致使许多卿以下的官吏和广大农民失去了土地。孟子主张“正经界”，就是针对这种情况而言的。孟子所说的“正经界”就是恢复井田制。具体办法是：“方里而井，井九百亩，其中为公田；八家皆私百亩，同养公田；公事毕，然后敢治私事”。一百里为一井，每井分为九块，每块一百亩。中间的一百亩是公田，其他八百亩分给八个家庭。公田由八家共同耕种，其收获归公。各家的私田由各家自己耕种，其收获归自己所有。不过，八家必须先把公田耕种好之后才能种自己的私田。对于却公卿以下的官吏，每家分给五十亩“圭田”，其收获供祭祀之用，再分给家中的其他人每人二十五亩土地。这样一来，人们就不会离开自己的家乡，同一井的人民就会互相友爱、互相帮助；遇到盗贼，共同防御；有了疾病，互相照顾。通过恢复井田制给予农民土地，一则能将农民固定在土地上，二则可以保证人民的基本生活水平。

二是使民以时。孟子认为“制民之产”最重要的保障是“不违农时”，孟子要求统治者遵循自然规律，对农业生产进行合理引导，并注意合理保护自然资源，实现人与自然的和谐发展。孟子说：“不违农时，谷不可胜食也。数罟不入洿池，鱼鳖不可胜食也。斧斤以时入山林，材木不可胜用也。谷与鱼鳖不可胜食，材木不可胜用，是使民养生丧死无憾也。养生丧死无憾，王道之始也。”在农业生产中，必须遵循自然规律，统治者不能在农忙时节征兵、征工，以保证有足够的劳动力从事生产；不要在农忙时节发动战争，否则会导致生产被极度破坏。在生产过程中必须注意生态平衡和可持续发展，不能够因为短期利益而忽视长远利益。捕鱼狩猎要在合适的地方，不要到动物产卵的地方去，以确保动物的繁衍。伐树也是如此，不可滥砍滥伐，否则容易造成水土流失，引起干旱、洪涝等自然灾害，破坏农业经济。

孟子还大力提倡农业经济的多样化，倡导进行副业生产，所谓“五亩之宅，树之以桑，五十者可以衣帛矣。鸡豚狗彘之畜，无失其时，七十者可以食肉矣”。一个家庭如有五亩宅院，就要在上面种桑养蚕，饲养家禽家畜，这样五十岁以上的人就可以穿上丝织品的衣服了，七十岁以上的人就可以天天吃肉了，这就达到了生活的小康境界。由此可见，农林牧副渔全面发展的农业经济政策，孟子早已提出。孟子还主张通过轻徭薄赋来培育经济实体。重刑罚、暴敛税，是历代统治阶级与人民的矛盾焦点，也是历代统治者最终覆亡的原因。孟子提出了“省刑罚、轻税敛”的赋税政策，劝说统治者善待民众，不要过分地剥夺他们。孟子认为国家的一切政策必须有利于人民的生产，保护他们的生产积极性，为他们发展生产提供便利的条件。国家越是贫穷，越要减轻赋税。通过减轻赋税来培养充足的税源，国家才能从繁荣的经济中得到税收，充实国力。而且较为轻缓的赋税政策有利于获得民心、让人民能够依附，获得人民的拥戴和支持，最终有利于统治者对内施行“仁政”，对外施行“王道”。孟子说：“市廛而不征，法而不廛，则天下之商，皆悦而愿藏於其市矣。关，讥而不征，则天下之旅，皆悦而愿出於其路矣。耕者，助而不税，则天下之农，皆悦而愿耕於其野矣。廛，无夫里之布，则天下之民，皆悦而愿为之氓矣。”总之，孟子的经济主张是针对所有人民的，不管士农工商，国君都应该通过少征赋税来保证他们的再生产能力。

在市场上，提供货栈而不征税，滞销的货物由国家按照法定价格征购；在关卡上，仅仅进行稽查，并不征收税金；种田的人只需耕种井田制中的公田而不必交纳租税；贫穷的人民不用交纳雇佣钱和地税。一个国家如果实行这样的税收政策，天下的商人、旅客、农民以及流动人口都愿意到这里来，邻国的百姓也会心向往之，而不愿意帮助本国军队攻打它。

第四，以德化民。一是教育为本。孟子认为，要实现国家的有序治理，就必须以谨痒序之教来教导民众民。孟子十分强调教育对于一个国家的重要作用，认为教育能够培养人的浩然正气，形成良好的道德和社会风气，以达到"明人伦"的目的。孟子说："股为痒序学校以教之。痒者，养也；校者，教也；序者，射也。夏曰校，殷曰序，周日库，学则三代共之，皆所以明人伦也。人伦明于上，小民亲于下。"也就是说，孟子主张将弘扬仁义之道的人伦教育具体化为学习圣贤的教育，学为圣贤其提出的重要德育目标。因为在孟子看来，圣人乃"人伦之圣也。"他们"居天下之广居，立天下之正位，行天下之大道，得志与民由之，不得志独行其道"（《孟子·滕文公下》）。这样说来，圣贤既是人伦教育的主体，也是人伦教育的目的。孟子不仅是"谨庠序之教"的提倡者，也是该教育思想的身体力行者。孟子把"得天下英才而教育之"作为人生的三大乐趣之一。孟子说："君子有三乐，而王天下不舆存焉。父母俱存，兄弟无故，一乐也；仰不愧于天，俯不作于人，二乐也；得天下英才而教育之，三乐也。"孟子一生以聚徒讲学、游说诸侯、著书立说为业，他曾经率领弟子先后到过宋、滕、魏、齐、梁、薛、鲁等国，推行其政治主张，孟子门下授业弟子众多，最著名的有万章、公孙丑、乐正子、公都子、屋庐子、孟仲子等。二是先教后刑。兴教化是推行仁政的主要方法，孟子认为："仁言不如仁声之入人深也，善政不如善教之得民也。善政民畏之，善教民爱之；善政得民财，善教得民心。"（《孟子·尽心上》）也就是说，仁爱的话语不及仁爱的声望深入人心，良善的政策不及良善的教育赢得民众。良善的政策为民众所畏惧，良善的教育为民众所喜爱；良善的政策能赢得民财，良善的教育才能够得到民心。

第四章　中国传统德治思想的进一步丰富和发展

第一节　两汉时期对德治思想的发挥

一、董仲舒“天人感应”的德治思想

（一）董仲舒的生平

董仲舒（公元前179年—公元前104年），西汉广川（今河北枣强县广川镇）人，西汉著名的思想家、政治家、今文经学家、教育家、汉代官方哲学奠基人，素有“汉代孔子”的美誉。董仲舒少年非常刻苦努力地研读《春秋公羊传》，以“三年不窥园”的恒心，究其“微言大义”，故能“少治春秋”。汉景帝时，董仲舒被官方任命为讲授儒家经典的博士，在当时的学术界很有影响力。在此期间，董仲舒广招弟子，渐渐形成了一个庞大的“春秋公羊学派”。司马迁评价道：“汉兴至于五世之间，唯董仲舒名为明于《春秋》。”汉武帝时，时逢举贤良文学之士，董仲舒献《天人三策》，得到赏识，由此拜为江都相。《天人三策》以先秦儒家思想为主体，并夹以阴阳五行学说和法家的一些政治主张。因此，董仲舒建议汉武帝，“诸不在六艺之科、孔子之术者，皆绝其道，勿使并进”，由此开始“罢黜百家，独尊儒术”（《汉书·董仲舒传》）。儒家思想也因此取得了官方正统地位，其思想也就成了统治中国两千多年的精神支柱。后来，董仲舒又任太中大夫，居家时，他写了一部《灾异之记》，据说能以灾异调理阴阳。但后来却被武帝认为是以灾异说比附现实政治，语涉讥讽，他也差一点被处死，后幸而赦免，便不敢复言灾异。

后又为另一公羊学家公孙弘所嫉恨，被任为胶西王相。董仲舒为避政治祸乱，借病辞归，不再做官。居家之时，他不问家中产业，专心修学著书。不过“朝廷如有大议，使使者及廷尉张汤就其家而问之”，他实际上还担任着国家政治顾问的角色。

（二）董仲舒的天人感应论

1. 天人感应

董仲舒继承了先秦儒家“天人”思想，并吸收了阴阳家五行学说，进而创造了一套“天人感应”的神学理论。《春秋繁露·天地阴阳》中载：“天有十端，十端而止已。天为一端，地为一端，阴为一端，阳为一端，火为一端，金为一端，木为一端，水为一端，土为一端，人为一端，凡十端而毕，天之数也。”董仲舒以“天”作为其思想体系的基础和出发点，把“天”描绘成创造一切、支配一切的最高主宰。世界上的一切事物都是由天做出的安排，都是天的意志的体现。

首先，天有意志。自然界的各种变化，四季的运行，都因为天有意志。“天地之气，合而为一。分为阴阳，判为四时，列为五行。”天与地之气汇合为一，分为阴阳之气，又由于阴阳不断相互作用，世界上发生四季的变迁。四季在运行的过程中又产生出五行，人就生活在这样的一个世界之中。这里“天”似乎具有一种物质性，其实不然。在董仲舒看来，天不仅是万物的创造者，还是具有一种道德属性的人格神，享有对世间万物的一切权利。天所施的气，以及阴阳、四时、五行、万物都是体现其意志的外化物。阳体现了天的恩德，阴体现了天的刑威；五行的相生相胜要由天欲施德还是施刑来决定；四时的更迭则表现了天的喜怒哀乐。

其次，天副人数。“天”是董仲舒理论的出发点，而“天人关系”则是其理论的重点和精髓。他认为，正因天有支配行为，万物才获得了生长变化的力量源泉。那么人作为万物之一，也是天有意识的产物。人不仅是天的创造产物，而且还具有与天相同的生理本质和道德本质：“为人者天也。人之为人，本于天，天亦人之曾祖父也。人之形体，化天数而成；人之血气，化天志而仁；人之德行，化天理而义；人之好恶，化天之暖清；人之喜怒，化天之寒暑；人之受命，化天之四时。人生有喜怒哀乐之答，春秋冬夏之类也……天之副在乎人，人之情性有由天者矣。”“天地之符，阴阳之副，常设于身。身犹天也，数与之相参，故命与之相连也。天以终岁之数成人之身，故小节三百六十六，副日数也；大节十二分，副月数也；内有五脏，副五行数也；外有四肢，副四时数也；乍视乍瞑，副昼夜也；乍刚乍柔，副冬夏也；乍哀乍乐，副阴阳也；心有计虑，副度数也；行有伦理，副天地也。”天是完全以自己为模型塑造人类的，并把人作为实现自我意志的代理人。人“化天数而成”，成了天的副本，故而“超万物之上而最为天下贵”，也就被赋予了“下长万物，上参天地”的特殊本领。

最后，天人交感。从董仲舒的思想体系可以看出，“天有意志”与“天副人数”是“天人交感”的理论基础。也就是说，正因为天有意志要表达，人又与天具有相同的本质，才能搭建起人与天沟通的桥梁，使天和人能相互感应。如果人们能遵守“天道”，按天的意志行为处事，那么天必将赐福于人。相反，如果人们的行为不能体现“天意”，违背了天的意志，不遵守封建道德规范，那么“天”就会震怒，并降下灾异。在董仲舒的“天人感应论”中，君王占据着重要地位。“天子受命于天，天下受命于天子。”君权是上天赋予的，君主又是代表上天来统治人世的。他认为君主为统治人民所进行的各种活动，都是“承天意以从事”。君主“立于生杀之位，与天共持变化之势”。君主代行天意，臣民不服从君主的统治，就是违背天意。统治者的行为最能被“天”感召，世间一切祥瑞和灾异都是天有意志的体现，又都是统治者的行为感召而来的。君主虽有绝对的权威，但其权利并不是无限的，君主也要受天的意志的限制。如果君主不顺承“天意”行事，无德无行，过分残暴，那么天就会显示灾异，表示警告，甚至惩罚统治者。

2. 三纲五常

董仲舒为了维护封建秩序，从儒家“君君、臣臣、父父、子子”的等级制度和宗族关系出发，以忠、孝、仁、义为说教，进一步发展出“三纲五常”理论，作为封建社会最根本的道德规范。所谓“三纲”，就是“君为臣纲，父为子纲，夫为妻纲”。“三纲”的思想萌芽在先秦时代就有了，只是被董仲舒加以归纳和概括，明确地提了出来。孔子所说的“君君、臣臣、父父、子子”已经包含着“君为臣纲”“父为子纲”的某些思想内容。孟子提出“五伦”的思想，即“君臣有义，父子有亲，夫妇有别，长幼有序，朋友有信”，也是“三纲”的理论来源。董仲舒在前人的基础上，认为君臣、父子、夫妇之间的关系是一种阴阳关系，并加以推导和论证。董仲舒认为，在阴阳关系中总是“阳尊阴卑”。“凡物必有合。合必有上，必有下，必有左，必有右，必有前，必有后，必有表，必有里。有美必有恶，有顺必有逆，有喜必有怒，有寒必有暑，有昼必有夜，此皆其合也。阴者阳之合，妻者夫之合，子者父之合，臣者君之合。物莫无合，而合各有阴阳。”“君臣父子夫妇之义，皆取诸阴阳之道。君为阳，臣为阴；父为阳，子为阴；夫为阳，妇为阴。阴道无所独行，其始也不得专起，其终也不得分功，有所兼之义。”董仲舒认为，阴与阳是对立的，它们之间的关系是永远不会相互转化的。属于阳者，居于主导地位；属于阴者，居于从属地位。“阳贵阴贱，阳尊阴卑。”这种关系是不能改变的，是天经地义的。三纲之中，最主要的是君纲。君主在人世间是至高无上的，是承受天意的立法者，臣民必须绝对服从，不得违抗。“三纲”是董仲舒为维护封建统治者权威制定的道德模式，也是调节封建社会中伦理关系的最基本道德规范。所谓“五常”，就是“仁、义、礼、智、信五常之道”。在献给汉武帝的《对策》中，董仲舒说：“夫仁、谊、礼、知、信五常之道，王者所当修饬也。五者修饬，故受天之祐，而享鬼神之灵，德施于方外，延及群生也。”在这里，他把“五常”说成是五种道德规范，同时也是君主应该养成的品德；并认为，如果王者具有了这种美德，就会受天的保佑而永享爵位，就会使自己的百姓受到恩惠。在《春秋繁露》中，他又把仁、义、智等说成是人人都应该具有的品德。在董仲舒看来，“三纲五常”作为封建社会的最基本道德规范，具有永恒不变的性质。所谓“道之大原处于天，天不变，道亦不变”，就是说，无论历史怎样变迁、王朝怎样更替，封建社会纲常也会像“天道”一样不会更改。只要君主运用“三纲五常”来管理和指导国家的生活，就能产生“入有父子兄弟之亲，出有君臣上下之谊，会聚相遇，则有耆老长幼之施，粲然有文以相接，欢然有恩以相爱”的良好局面。

3. 性三品

在人性论上，董仲舒主张依靠道德水平的高低来给人性定级，故而提出了“性三品”说。他根据孔子的“中人以上，可以语上；中人以下，不可以语上”的思想，把人性分为三个等级，即“圣人之性”“中民之性”和“斗筲之性”。当然孔子的出发点是人们的智愚差别，而董仲舒的标准则是人性善恶的区别。董仲舒认为，“圣人之性”是一种至善，是一种纯粹的无须教化的天生的自然之性，在其人性论属于上品；“中人之性”则是有情欲，既包含善亦包含恶的人性，这种人性是可以教化的，可以教而为善，其属中品；“斗筲之性”则是指气量狭小，是一种无德的恶性，教也不能为使之善的，其属下品。

从这三种人性的关系上来说，董仲舒认为：“名性，不以上，不以下，以其中名之。”“圣人之性不可以名性，斗筲之性又不可以名性，名性者中民之性。”可以看出，只有“中民之性”才可以称为性，而纯善的和纯恶的都不能算性。这似乎是矛盾的，“斗筲之性”“圣人之性”既然是人性论中的一个等级，怎么又不能作为性呢？首先，必须回到董仲舒的天人观。董仲舒认为，“德侔天地者，皇天佑而子之，号称天子”。他将至德的圣人视为天子，把天子与圣人作为同等的概念。天子作为在政治上的最高统治者，由于其权利是由天所赋予的，故具有一种神权特征。这种权利的赋予，就表征着其具有最高的道德水准。所以，董仲舒借由天来说明圣人之性是一种纯粹的仁义之性，天子所具有的是至德的伦理人格。其次，如若人民都是具有“斗筲之性”的恶人，教也不能为善，那么统治者也就失去了其统治的意义了。最后，董仲舒认为社会中的绝大多数人都具有“中人之性”，这也是天所规定的，是一种自然法则。中民是除了圣人与斗筲的所有人，至德的圣人与无德的斗筲在社会上只占极少数。

总之，董仲舒构建“性三品”的人性等级论，是要给封建君王的统治找到合理性。天子也就是圣人，其生而具有极高的道德水准，故他们能够统治万民，予人们道德教化。绝大多数人同时具有为善和为恶的道德本质，故必须得接受圣人的统治来使自己的人性更接近善的标准。

（三）董仲舒对儒家德治思想的继承和发展

董仲舒是汉代最重要的儒家学者，是奠定整个汉代思想性格的关键人物，其思想见解及政治实践对整个西汉王朝以及此后的中国传统社会产生了深远的影响。我们知道，儒家思想大体上是一门入世的学问，注重研究国家兴衰与更替之道。但是，先秦传统儒家的政治哲学过于理想化，在战乱的年代难以得到统治者的认可，所以始终无法左右一国的社会发展。董仲舒作为西汉一代大儒，在思想上的创见也多集中在政治思想领域，他的全部思想就是在论述国家社会的发展之道，是完完全全的政治思想。董仲舒为适应汉初政治经济文化发展需要，吸取了诸子哲学中的合理成分，并提出了符合西汉政治现状的治国策略，进而形成了极具包容性、独具时代魅力的政治儒学。总的来说，董仲舒在儒家传统智慧的基础之上，通过其多年的理论研究与政治实践经验的总结，终于将由其改造的儒学上升为国家意识形态，将德治儒学提高到了一个新的历史水平。

1. 以仁安人，以义正我

“仁”是儒家思想的基础，也是董仲舒道德体系的核心。董仲舒认为“天”在道德方面的要求就是“仁”，他说：“仁，天心，察于天之意，无穷极之仁也！”“仁”既然是出于天之本性，那么也是人们必须遵守的道德准则，“人之受命于天也，取仁于天而仁也！”“莫近于仁，莫急于知”。因此统治者必须施行“仁政”。如果施行“仁政”，那就是顺从天意，会得到好结果；如果不顺从天道、实施仁政，上天就会以灾异的形式进行惩罚。董仲舒对儒家德治思想的发挥创见主要体现在两个方面，即“以仁安人，以义正我”。在这里，“正我”又先于“安人”，如果君王不正，还要统治和教化别人，就困难了。可见，在董仲舒的德治思想中，君王的个人修养占有特别主要的位置。董仲舒说：“国之所以为国者，德也。是故为人君者，固守其德，以附其民，固执其权，以正其臣。”董仲舒认为，作为国君，必以良好的德行去感染人民，才能使人民团结在自己的周围。“天之生民，非为王也，而天立王以为民也。故其德足以安乐民者，天予之；其恶足以贼害民者，天夺之。”（《春秋繁露》）

在前面提到的《天人三策》里，他对汉武帝提出了“五正”的要求，即“正心”“正朝廷”“正百官”“正万民”“正四方”。这五个方面是环环相扣的，也就是以“正心”为出发点，最终达到“正四方”的目的。君主要做到“正心”，就必须加强自己的个人修养，要像尧帝那样以“天下为忧”“诛逐乱臣，务求贤圣”，而不能像纣王那样“逆天暴物，杀戮贤知，残贼百姓”，这样就可以使“众圣辅德，贤能佐职，教化大行，天下和洽，万民皆安仁乐谊，各得其宜，动作应礼，从容中道”（《汉书·董仲舒传》）。如果君主能做到“上谨于承天意，以顺命也；下务明教化民，以成性也；正法度之宜，别上下之序，以防欲也”（《汉书·董仲舒传》），就能举“大本”，这个“大本”就是上下尊卑的统治秩序。董仲舒又指出，“尧兢兢日行其道，而舜业业日致其孝，善积而名显，德章而身尊，此其浸明浸昌之道也。积善在身，犹长日加益，而人不知也；积恶在身，犹火销膏，而人不见也”（《汉书·董仲舒传》）。也就是奉劝统治者不舍小善，不为小恶。他认为，如果一个国家没有“义”，“不由其道而胜，不如由其道而败”；如果一个人不讲“义”，那么与其“生以辱，不如死以荣”。他还引用曾子的话说：“辱若可避，避之而已；及其不可避，君子视死如归。”因此在董仲舒的“德治”中，“义”也占有特别重要的位置。他认为“德治”的主要尺度是在正我，而不在正人。他认为“义”是“合我与宜为一言”，即把合理的应该做的事与我结合起来，也就是说，让自己做合理的、应该做的事才叫“义”。“义在正我”即严格要求自己，而不是要求别人。总之，“义”在于律己，“仁”在于爱人。“仁”和“义”为法度，就是要作为最高统治者自身对自己也进行严格要求。

2. 以德教民，义利并施

先秦儒家认为，良好的政治生活是以伦理道德的完善为基础的，这就决定了儒家的德治思想中，政治的根本任务就在于对道德的提升。董仲舒也特别强调教化，“天地之数，不能独以寒暑成岁，必有春夏秋冬。圣人之道，不能独以威势成政，必有教化”。治理国家离不开道德教育，就像自然界有春、夏、秋、冬一样，治理国家不能只靠威势，必须有教化。从董仲舒以“性三品”为主要内容的人性论可以看出，具备优先道德优势的天子，可以凭借自身的圣人之性来感化道德比较低的一般民众，而一般民众可以为善的道德本性又使之能顺利接受道德感化。我们可以看出，一方面，虽然董仲舒的教化理论实质上剥夺了民众在道德上的主动性，他们在道德上只能是被教化的客体；另一方面，由于圣王完全承担着道德教化的责任，他就必须把道德教化落实到政治实践中，一个英明的统治者治理国家必须“以教化为大务”。“教化”的政治实践中，董仲舒认为帝王应该首先做好表率，教化万民是君主的职责，故“君者民之心也，民者君之体也。心之所好，体必安之；君之所好，民必从之”。董仲舒还特别强调：“夫万民之从利也，如水之走下，不以教化堤防之，不能止也！是故教化立而奸邪皆止者，其堤防完也；教化废而奸邪并出，刑罚不能胜者，其堤防坏也！”可以看出，董仲舒认为教化有巨大的作用，不仅能达到“教化行而习俗美”的目的，也能成为社会长治久安的重要基石。

在德育措施上，董仲舒以统一社会政治思想为依归，他建议汉武帝“复修教化而崇起之”，“立大学以教于国，设痒序以化于邑，渐民以仁，摩民以义，节民以礼”。董仲舒希望通过兴太学、置明师等一系列教育发展主张，大力倡导官方教育，让政治主导教育的方向。董仲舒在意识形态领域极力推行“罢黜百家，独尊儒术”的方针，要求“凡不在六艺之科、孔子之术者，皆绝其道，勿使并进，邪辟之说灭息”。也就是说，只能提倡儒家学说，把儒家思想作为封建统治的正统。由于董仲舒的主张适应了封建社会在政治上大一统的需要，其主张被后来的封建统治者广泛接受和采纳。

汉武帝时代，随着地主土地私有制的逐步确立，封建国家大一统局面基本形成，封建国家在社会各方面，特别是在经济领域中“与民争利”的现象越来越严重。为缓解统治阶级与被统治阶级的矛盾，董仲舒明确提出“义利并施”“与利养义”等一系列主张，希望统治者能够以民为本，不与民争利。董仲舒认为，上天对于人民，有赡养的意愿，“生育养人，成而更生，终而复始。其事所以利活者民无已。天虽不言，其欲赡足之意可见也”。圣王对民，应有兼利之举，只有“足之”“利之”，方能使民众“体”有所养。如果一味地与民争利，放任贫富差距进一步扩大，那必然导致“富者奢侈羡溢，贫者穷急愁苦”（《汉书·董仲舒传》），“大富则骄，大贫则忧；忧则为盗，骄则为暴”的局面（《春秋繁露》）。这样，便会使“民之所以嚣嚣苦不足”而“不乐生”，人民就会做出背信弃义、违反礼法的行为，社会就不会安定繁荣。基于这种信条，董仲舒针对当时社会的实际，提出了降低赋敛、限田塞并兼、“受禄之家”只能“食禄而已”等一系列经济改革主张。通过这些措施，一方面，减轻了劳动者的负担，使人民能安心劳作；另一方面，也维护了封建伦理规范，使社会得以稳定和发展。董仲舒的经济思想，虽然以巩固封建统治为最终目的，但对于限制君权、推行仁政，也起到了非常重要的作用。

3. 以德为主，辅之以刑

秦汉以来的统治者，受法家思想影响颇深，大凡贯以法术治理国家。他们重用酷吏，以严刑峻法加强其统治，给人民带来了极大的痛苦和灾难，人民不堪忍受，社会矛盾日益凸显。为缓解统治者与被统治者之间的矛盾，稳定汉王朝的统治，董仲舒向汉武帝提出了“刑者德之辅”的政治主张。

董仲舒认为，应该合理地调配“德”与“刑”二者之间的关系。他认为治理社会应以德为主，但是在强调德治的同时，承认刑罚作为社会的辅助手段，在治理国家中也具有重要作用。董仲舒的德刑理论是建立在其天道阴阳的法则之上的，他把德、刑分别与阳、阴相互对应。董仲舒认为：“达阳而不达阴，以天道制之也。”天之大道就是以阳为尊贵，以阴为卑贱。进而，把阴阳推广运用到政治领域，就是对尊阳卑阴基本法则的无条件服从。所以，阳为德、阴为刑，重德轻刑也就成了社会活动中的必然政治法则。所以说，“是故人主近天之所近，远天之所远；大天之所大，小天之所小。是故天数右阳不右阴，务德而不务刑。刑之不可任以成世也，犹阴之不可任以成岁也。为政而任刑，谓之逆天，非王道也”。

虽然董仲舒反对严刑苛法，但并非一味地否认刑罚，对于量刑得当的刑罚，董仲舒还是持赞成态度的。董仲舒认为，虽然阴阳有尊卑之分，但阴阳二者却是缺一不可，正是二者相互作用才构成了天之道。董仲舒还是在上天那里找到了德主刑辅的理论依据，他以四时作为比附，喻德刑不可偏废，并行不悖。“庆为春，赏为夏，罚为秋，刑为冬。庆赏罚刑之不可不具也，如春夏秋冬不可不备也；庆赏罚刑当其处不可不发，若暖暑清寒当其时不可不出也；庆赏罚刑各有正处，如春夏秋冬各有时也。”他把德治比作阳，比作春夏，以生养万物；把刑罚比作阴，比作秋冬，能够杀藏万物。但无论是生养还是杀藏，都是自然规律，如同一年必须有春、夏、秋、冬四季才能成岁。也就是说，庆赏和罚刑都是不可偏废的，就好像四季不断地交替运行一样，不可或缺。但又因为四季的运行是按照一定顺序的，亘古不变，故而庆赏罚刑的原则也是统一的。实际上，董仲舒还是强调以“德”为核心，辅之以刑，德刑并用的政治法则。

我们可以看出，董仲舒的德刑理论，是把刑罚名正言顺地纳入德治思想中，他认为：“庆赏罚刑，异事而同功，皆王者之所以成德也。”这样就弥补了先秦儒家的德治思想在实践上的不足，使儒家的德治理论更具备了现实的操作性，形成了以伦理引导和刑罚震慑互相结合的德治运作模式，从而使德治思想适应了现实政治的需要，这也为德治成为官方的意识形态，以及历代王朝一贯的统治策略打下了基础。

二、王充“天道自然”的德治思想

（一）王充的生平

王充（公元27年—约公元97年），字仲任，会稽上虞（今浙江上虞）人，东汉时期著名的思想家、政治家。王充自称出生于“细族孤门”，其家庭以农桑为生，兼营商业，家境比较贫寒。王充的先祖王勇曾因军功被封为会稽阳亭侯，不过一年之后便失去封爵，无力返乡，只能落户当地，以农业为主。王充的族人世代有任侠传统，性格桀骜不驯，常常与豪族强宗斗争。他的曾祖父、父亲、伯父都因与豪强争斗而结怨，虽使得其家族不得不常常举家搬迁，颠沛流离，不过也养成了王充勇敢、刚毅、愤世嫉俗和不畏强权的性格。

王充父亲早逝，他少时与母亲相依为命，生活比较艰辛。王充八岁时进入书馆学习，不断地学习《论语》《尚书》等儒家经典文籍，据说每天能背诵一千余字。他从小就养成了刻苦努力，独立专研学问，广泛涉猎书籍的良好品质。其父去世之后，王充恪守孝道，在家里奉养母亲，故而能“乡里称孝”。大约在十七岁左右，王充便离开会稽，来到了京师洛阳继续深造，就读于当时东汉王朝的最高学府——太学。在这里，王充遇到了自己老师——著名的学者班彪，从而使自己的学术水平和理论境界上升到了一个新的高度。当时的太学教育要求学生要遵守“师法”“家法”，这是儒生的一项基本学术原则。如果奉行儒家经典、遵守师法便能被优先选拔任用，而提出不同看法，违背师法者就会受到排斥。不过，当时的王充不为所缚，在班彪的悉心指导下，阅读了大量的史料和书稿，逐渐冲破了儒学的束缚，渐渐开始构建自己的学术体系。

王充本着“不守章句”和“学无常师”的治学方法和探索精神，对儒家的部分理论进行了批判和继承。他强调“博通”，对于“坐守信师，不颇博览”的治学态度感到深恶痛绝。他认为那种只读儒家典籍而不空泛议论的儒生是“陆沉”和“盲瞽”。王充主张走出象牙塔，放眼“天下之事、世间之物”，不能只在先贤的书里面做学问，而应该不断地改造和创新。他还认为应不断学习诸子百家的学说，不能只以儒为师。王充自称“淫读古文、甘闻异志”，就是要求学习不能局限在一家一派的见解和观点上，应该广泛地涉猎古典文献典籍。王充特别注重借鉴前人的知识和思想，以充实自身，尤其是那些与一般常识和世俗言论不一致的思想言论，更应多加留心。王充认为，唯有博览群书，把百家的言论都纳入自己的视野，才能融会贯通，完成对以往知识的扬弃，成己之言。

王充大约三十岁时完成了其太学学业，便开始踏上了仕途。王充先后担任了县、郡的分管人事的官员。在任时，他积极为朝廷建言献策，为民请命，却招来排斥和讥讽。他虽几度诤谏，却并无成效，终因与长官意见不合，便毅然辞职返乡。后来，因受扬州刺史董勤征辟，王充再度出山，任郡守的属官，不久便转为扬州治中从事。可好景不长，由于建制撤销，王充不得不再次返回故乡。等到暮年之时，由友人谢夷吾推荐，东汉章帝特以公车征召，王充却因白发齿落，年老体衰，无力应征了。

王充的仕途之路并不平坦，可以说是怀才不遇。不过，这不能埋没王充在学术上的巨大成就。王充晚年闭门潜思，绝庆吊之礼，居室多放刀笔，见事而作，一生著述颇丰。王充所著书有《讥俗》《政务》《养性》《论衡》等。《讥俗》是讥刺世态之作，对世风俗陋、人情冷暖的弊病做了深刻的揭露和讥讽。《政务》则是王充向长官提出自己政见的内容汇编，主要著述治民之道。《养性》是王充晚年将养生保健之术归纳在一起，写的一本关于养生保健方面的书。不过却只有《论衡》一书流传了下来，其余都佚失了。因此，《论衡》成了王充的代表作。《论衡》一书耗时三十余年，倾注了王充的毕生精力，凝结着其理论思考的巨大成果。在《论衡》中，王充以“疾虚妄”为最终目的，对当时的宗教迷信、神秘主义和唯心论的虚假言论进行了批判。东汉末年，正值“天人感应”“谶纬”迷信穷途末路之际，而道家的自然无为哲学走向复兴之时，《论衡》的传播极大地动摇了两汉神学的理论。

（二）王充“天道自然”的哲学思想

两汉时期是我国封建帝国大一统发展和巩固的时期。当时的封建帝王和一大批学者以儒学作为官方哲学，吸收以董仲舒为代表的各种神秘主义思想和儒学的宗法思想，把神权、君权、父权、夫权贯穿在一起，建立了以神学性和宗法性为特征的汉儒思想体系。这样，便造成了“谶纬”之术等迷信思想的空前泛滥，一味地利用封建神学却使得社会矛盾进一步激化。为了破除封建神学的束缚，王充高举“疾虚妄”的旗帜，对天人感应以及谶纬迷信进行了有力的驳斥。他结合道家关于“自然”

和“无为”的观点，向无神无意志的自然寻求自己政治哲学的落脚点，并大力批判了当时神学论者向有道德意志的天寻求哲学和政治根源的做法。总之，王充作为东汉时期一位独特的大思想家，不仅把春秋战国时期朴素的唯物主义学说向前推进了一步，也为结束两汉神学，开启理性的道家化的魏晋玄学开辟了道路。

1. 天道论

首先，从王充的整个思想体系来看，“元气自然”是其所有思想得以产生、扩展的前提和基础。我们知道，西汉时期，以董仲舒为代表的儒家学者通过神化“天”的伦理品格，来深化儒家道德思想和封建道德纲常。王充则站在现实主义的立场上，批判董仲舒的天有意志、天道有为的神学思想，故而针锋相对地提出了天道自然无为的思想。王充认为：“天道自然也，无为。如谴告人，是有为，非自然也。”他把自然之天看作是一种物质实在，认为物质世界不可能有意志、有情感。这就与董仲舒的“天者万物之祖，万物非天不生”的观点相对立。王充认为：“道始于虚廓，虚廓生于宇宙，宇宙生于元气，元气有涯垠，清阳者薄靡而为天，重浊者凝滞而为地。”他把元气看作天地由以产生的根源，是构成天地、万物和人类的最基本元素。王充认为“天道”的运行是自然界运行变化的规律，因为整个天体的运行是不需要外力作用的。故而，自然界中各种现象的发展同样是自然的、无意识的和无目的的，从而否定了“天”的意志性和目的性。

其次，王充还依据经验类比的方法，对批判董仲舒的天人感性论进行了进一步的批判。他说：“地体无口目，亦知天无口目也。使天体乎，宜与地同；使天气乎，气若云烟。云烟之属，安得口目？”（《论衡·自然篇》）也就是说，从地没有感觉器官来推导天也没有感觉器官，又从天没有感觉器官来断定它没有观念欲望，这样天人便不能交感了。对于“天人感应”论者认为对天降“符瑞”与天能“谴告”的说法，王充也给予了严厉的驳斥：“天能谴告人君，则亦能故命圣君……今则不然，生庸庸之君，失道废德，随谴告之，何天不惮劳也？”（《论衡·自然篇》）至于符瑞，他认为只是一种自然现象，与社会政治无关。他精辟

地提出："夫太平以治定为效，百姓以安乐为符……圣主治世期于平安，不须符瑞。"（《论衡·宣汉篇》）

最后，王充还从认识论上揭露了对有神论的错误思想，这在当时无疑是极有见地的。王充认为："人有喜怒，故谓天喜怒。推人以知天，知天本于人。如人不怒，则亦无缘谓天怒。"（《论衡·雷虚篇》）也就是说，是人自己将自己比拟于天，天才被情感意志化的。他接着指出："六经之文，圣人之语，动言'天'者，欲化无道，惧愚者，以言非独吾心，亦天意也。及其言天，犹以人心。"为什么封建统治者要把"天"人格化，这是为其统治需求服务的，其中包含着"化无道，惧愚者"的政治目的。

总之，王充认为天是没有意志的，也不会产生天意和天命，并运用"天道自然"的朴素唯物论作武器，对封建神学进行了无情的批判。

2. 人性论

第一，禀气成性。《论衡》中载："俱禀元气，或独为人，或独禽兽，或贵或贱，或贫或富。富或累金，贫或乞食，贵至封侯，贱至奴隶，非天禀施有左右也，人物受性有厚薄也。"也就是说，人的贫富、贵贱、形体、精神都是受气的影响而形成的，故而谓之"禀气成性"。王充认为："小人君子，禀性异类乎譬诸五谷皆为用，实不异而效殊者，禀气有厚泊，故性有善恶也。"王充将人性统一归因于其所禀之气，气是构成人性的最基本单位，但又由于人所禀之气有厚有薄，故而性也有善恶贤愚之分。因而王充认为："禀气有厚泊，故性有善恶也。残则受仁之气泊，而怒则禀勇渥也。仁泊则戾而少愈，勇渥则猛而无义，而又和气不足，喜怒失时，计虑轻愚。妄行之人，罪故为恶。人受五常，含五脏，皆具於身。禀之泊少，故其操行不及善人，犹或厚或泊也……人之善恶，共一元气，气有少多，故性有贤愚。"

第二，性有善恶。王充从"禀气成性"的基本观点出发，认为周人世硕、公孙尼子的人论中的"论人之性，定有善有恶"的看法是比较正确的。因此，王充认为人性是复杂的，而且"性"的形成也是多个方面的综合作用。他认为："亦有三性：有正，有随，有遭。正者，禀五常之性也；随者，随父母之性；遭者，遭得恶物象之故也。”也就是说：“性”来自天性、父母、遭遇三个方面，人性的形成需要三者的有机结合。在王充那里，“气”既具有生理属性，又具有道德属性。他认为，仁、义、礼、智、信这五种具体的封建道德规范也是性本身固有的属性：“人察天地之性，怀五常之气，或仁或义”“且一人之身，含五行之气，故一人之行，有五常之操”。也就是说，封建的伦理规范在人性中是预设的，就如同人动作上的轻重缓急、面色身形不同一样，不可改变。在“性”的分类上，王充继承了董仲舒“性三品”的思想。王充认为：“实者，人性有善有恶，犹人才有高有下也；高不可下，下不可高。谓性无善恶，是谓人才无高下也。”也就是说，人的才能有高低，故而性也有善恶。他认为：“余固以孟轲言人性善者，中人以上者也；孙卿言人性恶者，中人也下者也；扬雄言人性善恶混者，中人也。”对于“中人以上者”的“极善”之人来说，是生而为善，纯粹无恶的，无须教化；“中人以下者”的“极恶”之人，生而就恶，毫无善因，故“极善极恶，非复在习”，本性固有，不易改变。同董仲舒一样，王充也注重“中人之性”，认为极善极恶之人只是极少数，大多数的中人其本性是可以改变的。因此，谈人性着重在中人之性上，他说：“夫中人之性，在所习焉。习善而为善，习恶而为恶也。”故认为通过后天的圣教习俗和自我修养，可以改变善恶之性。

第三，善恶可变。王充认为：“人之性，善可变为恶，恶可变为善。”也就是人性有向恶的趋向，也有向善的趋向。但“染之蓝则青，染之丹则赤”，也就是说，人性的善恶变化如同染丝一样，颜色一旦形成，就难以改变，就成其本色了。

第四，教使之善。王充比较强调教育对人的塑造作用，他认为“其恶者，故可教告率勉，使之为善”，对于德行品行比较差的人，可以通过教育的勉励和劝导，使人性向善。“善则养育劝率，无令近恶；近恶则辅保禁防，令渐於善，善渐於恶，恶化於善，成为性行。”而对于那些本身德行较好的人，也要时时刻刻加以教育劝导，禁约防范，使善远离恶，从而成为纯正的、好的德品。通过教化、学习、劝勉，使善者远离恶，恶者变恶为善。他举说了子路的例子："戴鸡佩豚，勇猛无礼，闻诵读之声，摇鸡奋豚，扬唇吻之音，聒贤圣之耳，恶至甚矣。孔子引而教之，渐渍磨砺，阖导牖进，猛气消损，骄节屈折，卒能政事，序在四科。斯盖变性使恶为善之明效也。"王充认为子路在未拜入孔门之前，原是庸人，而通过教育其人性得到极大的改善，终成大贤。

第五，修使之善。王充认为无论人生来有多么的智慧聪颖，但"不学自知，不问自晓，古今行事，未之有也"，所以"知物由学，学之乃知，不问不识"。他说："夫学者，所以反情治性，尽才成德业。"故强调修习对人性向善的重要作用。王充举例说："人之善恶，共一元气，气有少多，故性有贤愚。西门豹急，佩韦以自缓；董安於缓，带弦以自促。急之与缓，俱失中和，然而韦弦附身，成为完具之人。能纳韦弦之教，补接不足，则豹、安於之名可得参也。"像西门豹之类性急的人可以通过佩戴有韧性的皮带来缓解性情，像董安于之类慢性子的人则可以通过佩戴弓弦来催促行为，从而成为性格完备之人。

第六，境使之善。王充比较赞成荀子关于人性受环境的影响而改变的观点，"蓬生麻间，不扶自直；白纱入缁，不练自黑。彼蓬之性不直，纱之质不黑，麻扶缁染，使之直黑。夫人之性犹蓬纱也，在所渐染而善恶变矣"，说明了环境对人性的巨大塑造作用。他认为"孟母徙宅"的例子就很好地说明了环境是能让性趋善的一个重要方面，因为孟母认识到只有"迫近君子"才能"仁义之道数加於身"。

3. 命定论

在两汉神学中，命有三种表现形式即正命、随命和遭命，故有"正命，谓本禀之自得吉也。性然骨善，故不假操行以求福而吉自至，故曰正命。随命者，勠力操行而吉福至，纵情施欲而凶祸到，故曰随命。遭命者，行善得恶，非所冀望，逢遭于外，而得凶祸。故曰遭命"。"正命"是不因人之行为福吉自来，天生注定的；"随命"则是一个人品行善恶对他命运祸福的影响；而"遭命"则是可能遭遇意外的祸害的命运。总之，命是"天"有意志、有目的的安排，人可以通过自己的道德行为感动上天，进而改变自身的命运。这样，人的道德行为的善恶与命运吉凶之间就存在着必然的联系。王充不接受这个观点，他主张“天道自然”，一个人的性与命都取决于人最初的自然禀赋。他认为，“得富贵象者富贵，得贫贱者象贫贱”“命自有吉凶”。即是说，无论是王公贵族还是黎民百姓，不管是圣贤还是下愚，其命运在其出生时就已经确定了，其命当富贵则必然富贵，命当贫贱则一定贫贱，与后天无关。故而，“贵贱在命，不在智愚；贫富在禄，不在顽慧”。

王充也认为人的道德品行对人的命运没有任何影响。“性善命凶，求之不能得也。行恶者祸随而至，而盗跖、庄跷横行天下，聚党数千，攻夺人物，断斩人身，无道甚矣，宜遇其祸，乃以寿终。夫如是，随命之说，安所验乎？遭命者，行善于内，遭凶于外也。若颜渊、伯牛之徒，如何遭凶？颜渊、伯牛，行善者也，当得随命，福佑随至，何故遭凶。”（《论衡·命义篇》）像盗跖、庄跷这样无所不为的恶人本应该遇祸，却平安过活；而像颜渊、伯牛这样的善人，应该得到上天的庇佑，却遭到灾殃。所以王充认为，人的行为不会影响命运，故“修身正行，不能来福；战栗戒慎，不能避祸。祸福之至，幸不幸也”。也就是说，一个人的道德品质与其贫贱富没有必然的联系。

（三）王充对先哲德治思想的批判和继承

王充的德治思想是在批判和继承先哲们的政治理念的基础之上展开的。他从当时的历史现实出发，不仅能吸收各家所长，又能剔除其中的神化和牵强，故成就了其具有朴素唯物主义的德治思想。

一是德力并重。王充从“天道自然”的基本观点出发，认为治理国家应该与自然的天道协调一致，像古之圣贤一样无为而治。“黄、老之操，身中恬澹，其治无为。正身共己，而阴阳自和，无心于为，而物自化，无意于生，而物自成。”“舜禹承安继治，任贤使能，恭己无为而天下治。舜禹承尧之安，尧则天而行，不作功邀名，无为之化自成，故曰：‘荡荡乎民无能名焉！’年五十者击壤于途，不能知尧之德，盖自然之化也。《易》曰：‘大人与天地合其德。’黄帝、尧、舜大人也，其德与天地合，故知无为也。”这些圣贤和君王们给后世树立了为政榜样。但是，随着社会的发展，平庸的君王越来越多，故“庸庸之君，失道废德，随谴告之"，使得"德弥薄者信弥衰，心险而行陂，则犯约而负教；教约不行，则相谴告。谴告不改，举兵相灭，由此言之，谴告之言，衰乱之语也"。我们可以看出，王充对谴告之言可谓是深恶痛绝。他认为，由于谴告之言的盛行，无为而治已经失去了其土壤。从现实的政治出发，他还是比较赞同儒家的德治思想。

"国之所以存者，礼义也……今儒者之操，重礼爱义，率无礼之士，激无义之人，人民为善，爱其主上，此亦有益也。"虽然王充在《论衡》中，有《问孔篇》和《刺孟篇》，对儒家圣贤提出了许多质问，但又认为"孔子圣人，孟子贤者，诲人安道，不失是非"，孔子不愧为"道德之祖"。王充认为，儒家这一套"修身齐家治国平天下"的理论体系，反映了社会结构稳定有序，人与人之间仁爱亲和的内在需要。从这个意义上讲，一个社会的民众，离开道德教化的支撑是不可想象的，这是维系社会和谐，引导人心向善的基本保障。但是，他对儒家的德治思想是带着反思和批评的态度去吸收和继承的。王充认为"德"不是万能的。他举了春秋时期徐偃王的例子：偃王虽颇具"德名""身行仁义，陆地之朝者三十二国"，但"强楚闻之，举兵而灭之"。所以说，一味地讲德行义，不注重国力的发展，往往是虚有仁义，其结果只能是丧邦辱国。与儒家相反，法家强调"以力治国"。王充认为，这种面对诸侯列强"争于力"的做法，还是使得国家综合实力得到了较大的提升，具有一定的积极意义。所以，王充对法家代表人物评价很高："管仲、晏婴，功书并作。商鞅、虞卿，篇治俱为。""韩蚤信公子非，国不倾危，及非致死。李斯如奇非以著作材，极不能复有焉也。"法家的代表人物们在政治治理和著述方面都取得了很大的功绩，特别是韩非子。如果韩国采纳韩非子的意见，也不至于亡国。但是，王充也看到了法家思想的不足，他极力反对法家的集权与专制。在法家思想主张中，君王拥有绝对的权威。为了保证大权集中在君王一人手中，韩非子提出国君驾驭臣下的"七术"，让国君牢牢握住生杀予夺之权。由此，他批评了韩非"任刑独以治世"的主张，说："是则治身之人任伤害也。韩子岂不知任德之为善哉？以为世衰事变，民心靡薄，故作法术，专意于刑也。夫世不乏于德，犹岁不绝于春也。谓世衰难以德治，可谓岁乱不可以春生乎？人君治一国，犹天地生万物。天地不为乱岁去春，人君不以衰世屏德。”韩非子单独任用刑法治理国家，会导致国家混乱，当然不可能“享国久长，功传于世”。王充批评法家忽视礼义，否定儒生的偏颇。在王充看来，儒生是礼义之源，耕战是饮食之源，如果治理国家时完全采用法家那一套，“贵耕战而贱儒生”“弃礼义求饮食”，必然就会造成“礼义废，纲纪败，上下乱而阴阳缪，水旱失时，五谷不登，万民饥死，农不得耕，士不得战”的后果，给人民和国家造成巨大的灾难。所以他说：“夫德不可独任以治国，力不可直任以御敌也。韩子之术不养德，偃王之操不任力，二者偏驳，各有不足。偃王有无力之祸，知韩子必有无德之患。”王充总结了秦汉以来政治治理的经验和教训，认为“德”和“法”两者片面地强调哪一方都是国策上的失衡，无法实现社会和谐。王充综合儒、法两家，提出了德礼并重的治国对策：“治国之道，所养有二：一日养德，二曰养力。养德者，养名高之人，以示能敬贤；养力者，养气力之士，以明能用兵。此所谓文武张设、德力具足者也。事或可以德怀，或可以力摧。外以德自立，内以力自备，慕德者不战而服，犯德者畏兵而却。”

二是德在利民。王充从自然发生论的观点出发，论述了道德和物质生活的关系问题。他说：“让生于有余，争起于不足。谷足食多，礼义之心生。礼丰义重，平安之基足。”“为善恶之行，不在人之性质，而在岁之饥寒，由此言之，礼义之行，在谷足也。”（《论衡·治期篇》）他认为：“礼义”得以彰显的原因在于人民的“谷足食多”，“善恶”行为的多寡在于农业生产收成的好坏。因而道德水平的高低是直接由人们的物质生活消费水平来决定的。当人们物质生活水平提高了，人们就有道德品行、就高尚；当物质生活水平下降时，人们就会起争执，社会就会混乱，道德沦丧。从今天看来，有较高物质生活水平的人，并不一定讲“礼义”，但若把其置于当时的历史环境中，也具有一定的合理性。

王充认为儒家所宣扬的“去食存信”有其重大的理论缺陷。“使治国无食，民饿，弃礼义，礼义弃，信安所立?”“今言‘去食’，信安得成？春秋之时，战国饥饿，易子而食，析骸而炊，口饥不食，不暇顾恩义也。夫父子之恩，信矣；饥饿弃信以子为食。”可见，人们一旦失去了其最基本的生存条件，濒于生死边缘时，那便与野兽无异了，任何礼义教化在人的生存面前都显得苍白无力。故只有仓廪实才能知礼节，只有衣食足才能知荣辱。所以，一个有德的君王首先应将利民惠民作为第一要务，人民“谷足食多”才能“礼义之心生，礼丰义重，平安之基立矣”。这样，才能使得“百姓宁集”。王充认为治政须看实效，“夫太平以治定为效，百姓以安乐为符……百姓安而阴阳和，阴阳和则万物育，万物育则奇瑞出。视今天下，安乎危乎？安则平矣，瑞则未具，无害于平。故夫王道，定事以验，立实以效。效验不彰，实诚不见；时或实然，证验不具。是故王道，立事以实，不必具验；圣主治世，期于平安，不须符瑞”。他结合自己的亲身经历指出：中州遭灾，“牛死民流，可谓剧矣”，然而朝廷能够体恤民，采取紧急措施“转谷振赡”，使得“民不乏饿”，“饱于道德，身流在道，心回乡内。以故道路无盗贼之迹，深幽迥绝无劫夺之奸。以危为宁，以困为通”（《论衡·宣汉篇》）。这样的政绩，“五帝三王，孰能堪斯哉”？也就是说，百姓在正常年份能够衣食无忧，安居乐业；旦凡遇到天灾人祸，又能得到国家及时有效的救助，也不会因饥饿而绝望。总之，王充认为，衡量政治好坏得失应以民生的状况为标准。

第二节　唐朝时期的德治思想

一、唐太宗李世民的德治思想

唐太宗李世民是中国封建社会一位杰出的地主阶级政治家，他登基后倾力践行儒家“为政以德”的政治理想，实现了“贞观之治”，他也因此被后世誉为治世明君。唐太宗的德治思想主要包括君者政源、主明臣直、己正则天下正等内容，其“德治”思想的历史渊源主要源自儒家传统“德治”思想的熏陶、历史经验的影响以及隋朝亡国之教训。其“德治”思想的治国理论主要体现在“正身修德”“国以人为本”“澄清吏治”以及开明的民族政策等几个主要方面。唐太宗在实践其“德治”理念的同时，也主张法治，他将德治思想与法治思想互相融合，作为其主要的治国之道。唐太宗的德治理论及其践行德治理念的具体方略对今天社会主义思想道德建设和以德治国方略的实践也具有十分宝贵的借鉴意义。

唐太宗时期的“贞观之治”取得的成就，不仅受到了历代统治者的重视，也受到学界的密切关注。学者们对于“贞观之治”的成因、经验和教训做了大量的研究，取得了丰硕的成果。然而，迄今为止，对于“贞观之治”的研究，大多只是从纯史学的角度来展开的，哲学界对此很少涉足。而事实上，“贞观之治”与儒家思想尤其是先秦儒家的德治思想存在着十分密切的联系。因此，深入研究“贞观之治”与先秦儒家德治思想的关系，对于我们认清唐太宗德治思想的实质以及它的价值，具有十分重要的意义。

（一）唐太宗“德治”思想的历史渊源

首先，明确“贞观之治”与先秦儒家德治思想的关系。公元627年，唐高祖李渊退位，唐太宗即位。唐太宗即位之初就确定了专以仁义诚信为治的方针。如贞观元年（公元627年），唐太宗说：“朕看古来帝王，以仁义为治者，国祚延长；任法御人者，虽救弊于一时，败亡亦促。即见前王成事，足是元龟。今欲专以仁义诚信为治，望革近代之浇薄也。”（《贞观政要·仁义》）至贞观二年（公元628年），唐太宗继续阐发他以仁义治国的主张：“为国之道，必须抚之以仁义，示之以威信，因人之心，去其苛刻，不作异端。”（《贞观政要·仁义》）而“以仁义诚信为治”，无疑是先秦儒家德治思想的最根本特征。孔子说：“为政以德，譬如北辰，居其所而众星共之。”（《论语·为政》）而仁、义、诚、信正是德治的基本内容。《孟子·梁惠王》中也明确说：“王，何必曰利，亦有仁义而已矣。”

与理论上坚持以仁义治国相结合，唐太宗在政治实践上也采取了一系列崇儒措施。一是重视、器重儒生。《资治通鉴》卷一九二《高祖武德九年注》中胡三省语：“唐太宗以武定祸乱，出入行间，与之俱者，皆西北骁武之士。天下既定，精选弘文馆学生（士），日夕与之议论商议者，皆东南儒生也。然则欲守成者，舍儒何以哉！”二是建立崇尚儒学的机构和制度。《贞观政要·崇儒学》载：“太宗初践阼，即于殿之左置弘文馆，精选天下文儒……贞观二年，诏停周公为先圣，始立孔子庙堂于国学，稽式旧典，以仲尼为先圣，颜子为先师，两边俎豆干戚之容，始备于兹矣。”三是确立以儒家经典著作为学校教育与科举选拔的主要教材。例如，在初科举考试中影响较大的明经科，即把《孝经》和《论语》作为考生必考的科目，并以《礼记》《左传》为大经，以《诗经》《周礼》《仪礼》为中经，以《周易》《尚书》《公羊传》《谷梁传》为小经。

正是由于唐太宗确立了以仁义为本的治国方针，先秦儒家关于德治的一系列思想观点在贞观年间都得到了较好的推广和落实。先秦儒家关于统治者带头进行道德修养是实行德治的前提和关键的观点一直被唐太宗忠实遵循。唐太宗在日常生活中，不断地以先秦儒家规定的道德准则要求自己，非常注意自己的一言一行。他礼贤下士、谦抑自律、清心寡欲，从而在臣民的心目中树立了一个圣主明君的形象。他曾在《帝范·君本》中对帝王必须具备的道德品质有这样的表述：“宽大其志，足以兼包；平正其心，足以制断。非威德无以致远，非慈厚无以怀人。抚九族以仁，接大臣以礼。奉先思孝，处位思恭。倾己勤劳，以行德义。此乃君之体也。”并在《帝范·务农》中告诫他的子孙说：“且君之化下，如风偃草。上不节心，则下多逸志。君不约己而禁人为非，是犹恶火之燃，添薪望其止焰；忿池之浊，挠浪欲止其流，不可得也。莫若先正其身，则人不言而化矣。”由于唐太宗坚持以身作则，加上其他措施配合得力，唐朝社会很快就呈现出了“唐民奉法，盗贼日稀”的状况：“贞观二年，太宗谓侍臣曰：‘朕谓乱离之后，风俗难移，比观百姓渐知廉耻，官民奉法，盗贼日稀，故知人无常俗，但政有治乱耳。’”（《贞观政要·仁义》）在《贞观政要·政体》中，对唐太宗的大得人心有这样的论述：“帝志在忧人，锐精为政，崇尚节俭，大布恩德。是时，自京师及河东、河南、陇右，饥馑尤甚，一匹绢才得一斗米。百姓虽东西逐食，未尝嗟怨，莫不自安。至贞观三年，关中丰熟，咸自归乡，竟无一人逃散，其得人心如此。”由此我们可以知道，在社会剧烈动荡后的“饥者易为食，渴者易为饮”的状况下，统治者的表率作用，确实能起到“草上之风，必偃”的作用。

其次，正确处理好君臣关系对一个国家的治理是十分重要的。先秦儒家确立的君臣关系原则是：“君使臣以礼，臣事君以忠。”（《论语·八佾》）臣下有权对君主的行为提出劝谏：“君有过则谏。”（《孟子·万章下》）对于这一思想，唐太宗是完全接受的。其实早在贞观元年，唐太宗即以鱼水关系来喻君臣关系：“惟君臣相遇，有同鱼水，则海内可安。”（《贞观政要·求谏》）第二年，唐太宗又对臣下提出，他的理想是让国家呈现出太平盛世的景象，所以君臣上下都要克己奉公：“朕今志在君臣上下，各尽至公，共相切磋，以成治道，公等各宜务尽忠谠，匡救朕恶。”（《贞观政要·求谏》）在以后的政治生活中，唐太宗不断地以君臣共同努力达成天下大治的大义晓谕臣下。例如贞观六年（公元632年），唐太宗以“君臣之义”告诫臣下，并明确要求臣下“尽忠匡救”“正词直谏”：“君臣之义，得不尽忠匡救乎……公等但能正词直谏，裨益正教，终不以犯颜忤旨，妄有诛责。”（《贞观政要·求谏》）值得一提的是，唐太宗不但在口头上是这么说的，而且在具体的政治实践中也是这么做的。在贞观初年，唐太宗下令把征兵的年龄从21岁提前到18岁，但这个决定一连四次被门下省的长官魏征驳回，唐太宗对此恼怒不已。但当他听到魏征用“竭泽而渔”来驳斥他的这一政策的弊端时，便立即命人收回了命令。另外，贞观四年（公元630年），唐太宗下令修缮洛阳宫，事中张素上书谏止，认为这一行为与隋炀帝的暴政无异。对此，唐太宗不但没有怪罪张素无礼，反而给予张素重赏，并下令停修洛阳宫。类似的事例在贞观年间可谓不胜枚举。由于唐太宗虚心纳谏，君臣之间便处于一种和睦、甚至类似于平等的关系中，这就能充分调动臣下的积极性和创造力，发挥他们的聪明才智，使国家避免因君主独断专横而带来的祸患。

对此，学者们对唐太宗的做法有这样的评述：“皇帝纳谏，是对臣下的极大尊重，臣僚必然竭尽全力效忠皇帝。这是儒家思想‘君使臣以礼，臣事君以忠’的具体表现。”（白寿彝，1989）与君臣关系最直接相关联的是君民关系。关于君民关系，先秦儒家著作有诸多著名论述，如孟子说：“民为贵，社稷次之，君为轻。是故得乎丘民而为天子”（《孟子·尽心下》），“桀纣之失天下也，失其民也；失其民者，失其心也。得天下有道：得其民，斯得天下矣；得其民有道：得其心，斯得民矣”（《孟子·离娄上》）。荀子说：“传曰：‘君者，舟也；庶人者，水也。水则载舟，水则覆舟。’”（《荀子·王制》）经历过隋末农民大起义洗礼的唐太宗，对于人民的巨大力量是有深刻认识的。因此，他不像历史上的那些昏庸君主那样，视民如草芥，而是把他们看作直接决定自己国家是否稳固的力量。如贞观六年（公元632年），唐太宗对臣下说：“天子者，有道则人推而为主，无道则人弃而不用，诚可畏也。”（《贞观政要·政体》）并常常告诫自己的后代子孙要关心民生，要充分认识到百姓力量的强大作用。在《贞观政要·教诫太子诸王》中，唐太宗对侍臣说：“近自建立太子，遇物必有诲谕……见其乘舟，又谓曰：‘汝知舟乎？’对曰：‘不知。’曰：‘舟所以比人君，水所以比黎庶，水能载舟，亦能覆舟。尔方为人主，可不畏惧。”唐太宗认为，君与民是一体的关系，损民即是损自身：“为君之道，必须先存百姓。若损百姓以奉其身，犹割股以啖腹，腹饱而身毙。”（《贞观政要·君道》）正是因为唐太宗对人民力量的重视，所以他在初登帝位之时就实行休养生息的政策，减轻人民的赋税，注重救济百姓之苦，少事营造。这就为“贞观之治”打下了坚实的基础。

（二）唐太宗的“德治”思想与治国实践

古人尽情讴歌唐太宗，不仅在于他丰富和发展了儒家思想中的治国之道，从历史中总结经验教训形成了“德治”思想，而且还在于他能够把德治的政治理论应用于治国实践中，采取了维护国家统一，缓和阶级矛盾，发展经济与文化建设的一系列积极措施，促成了唐朝前期一百多年的稳定繁荣，从而把人们梦寐以求的盛世景象在贞观年间变成了现实。

1. 勤政、爱民

勤政是古代君主品德的重要组成部分。对于执政者来说，勤政的要求是尽职尽责，勤于政事。贞观之初，唐太宗为了安国兴邦，使唐王朝长治久安，勤于政事，日夜辛劳，坚持不懈。贞观三年（公元629年），太宗谓司空裴寂曰："此有上书奏事，条数甚多，联总粘之屋壁，出人观省。所以孜孜不倦者，欲尽臣下之情。每一思政理，或三更方寝。亦望公辈用心不倦，以符联怀也。"勤政的品德在唐太宗身上表现得淋漓尽致。在勤政的基础上，唐太宗还把"心存百姓"视为"为君之道"。他即位之初，就把为百姓创造一个稳定祥和的生活环境，作为自己的执政目标。贞观之初，太宗谓侍臣曰："为君之道，必须先存百姓。若损百姓以奉其身，犹割股以吠腹，腹饱而自毙。"除此之外，唐太宗还制定了"心存百姓"的施政目标，实施了一系列让百姓休养生息、促进农业生产的开明政策。唐太宗对少数民族也采用"绥之以德""爱之如一"的政治策略，缓和了民族矛盾，促进了民族安定团结，使四夷酋长臣服。在太宗生前，人们无不尽最大的努力效忠皇帝；在太宗死后，人们如丧考础，以至出现"四夷之人人仕于朝及来朝贡者数百人，闻丧皆坳哭"，并且人们采用各自民族祭奠酋长的方式进行哀悼，出现了用"流血洒地"来祭奠的感人场面。这些足以证实唐太宗推行的"德治"政策深得民心。

2. 从谏如流、克己省身

纳谏是我国古代贤明君王的高尚品德重要体现，也是他们建国立业采取的重要措施。唐太宗是一位"从谏如流"的圣君，他纳谏广开言路的事迹，史不绝书，自夏、商、周以来，很少有哪位君主能与唐太宗相提并论。贞观二年（公元628年）正月，唐太宗向臣下提出了一个发人深省的问题：什么叫作明君、暗君？魏征回答说："君之所以明者，兼听也；之所以暗者，偏信也。"对于君王来说，"兼听"就会使"天下大治"，"偏信"就会造成"天下大乱"的严重后果。唐太宗听了，对魏征赞赏不已。由于唐太宗鼓励臣下直谏，群臣就敢于提意见、献良策。贞观一代，谏臣济济，其中最杰出的当数魏征。魏征深得唐太宗的信任和重用，经常被唐太宗召唤到卧室内，访以得失。短短的几年里，魏征陈谏二百余事，皆有利于政事。在唐太宗的积极鼓励下，谏净风行一时。当时犯颜直谏、面折廷争的事例屡见不鲜。上至宰相御史，下至县官小吏，甚至宫廷嫔妃，都敢于直言进谏。这种开明的政治现象，在我国封建社会里是罕见的。

唐太宗在纳谏的同时对自身的品德修养是有很高的要求的。他写给自己的座右铭“克己省身”对后世影响颇深。克己省身是我国古代自我修养中的精髓所在，强调人要严于律己，通过对自己行为进行深刻的反省，及时调控自己的不当言行，从而达到完善道德修养的目的。唐太宗非常注意自己的一言一行，以求给后人留下嘉言善行，作为垂范。贞观八年（公元634年），太宗谓臣下曰：“联每闲居静坐，则自内省，恒恐上不称天心，下为百姓所怨。”唐太宗自省是上怕对不起天，下怕遭到百姓的怨恨。他希望在治世中能做到上下满意，尽善尽美，为此他不断地严格要求自己，克己修身。自省乃是修身的最基本要求，要持之以恒，坚持不懈。唐太宗把魏征比作一面镜子，时时警醒自己，对照反思。贞观十七年（公元643年）正月，魏征因病逝世，唐太宗悲痛欲绝地说：“夫以铜为镜，可以正衣冠；以古为镜，可以知兴替；以人为镜，可以明得失。联常宝此三镜，用防己过。今魏征姐逝，遂亡一镜矣。”他颁布诏令，号召群臣要以魏征为榜样。唐太宗还奉行公正无偏、戒奢从俭。古人认为，公正不仅是一般的为人处世之道，而且是“为政之道”“为政之要”。因此，公正无偏乃是君王应具备的政治素质。唐太宗认为，治理国家的关键在用人，用人得当与否不仅关系到人心向背的问题，同时还会对国家的稳定造成威胁。

唐太宗从大局出发，大胆启用了大批旧时敌对方的部下，因而引发了一些人的不满。唐太宗自己心里却非常清楚，他是依靠秦王时期的旧臣的力量而取得天下的，如果基于私人情谊，而对旧部有特别待遇，难免会形成“秦王府阀”，使他们拥有特权，从而造成分帮别派的危害。治理国家要以天下为公，不能对特殊的人群有私心。事实证明，唐太宗的这一决断是明智的。他起用的包括魏征在内的一大批非秦王府的旧部，对后来的“贞观之治”做出了很大的贡献。

戒奢从俭是要求君王不要因过分追求物质享乐，而无限制地放纵自己。在中国以往的历史上，政治清明的时代往往是廉政的时代，而廉政势必又造就政治清明，这一历史现象值得今人高度重视。唐太宗认意识到君王的勤俭是廉政的关键，俭则廉，奢则贪。他曾说：“为主贪，必丧其国；为臣贪，加亡其身。”在武德四年（公元621年），还是秦王的李世民在攻克洛阳城后，看到富丽堂皇的宫殿，不禁感叹道：“逞侈心，穷人欲，无亡得乎！”吸取隋亡的教训，唐太宗即位初，就非常注意“躬行节俭”。贞观三年（公元629年），他对臣下说：“夫安人宁国，惟在于君。君无为则人乐，君多欲则人苦，联所以抑情损欲，克己自励耳。”纵欲骄奢必将加重人民的徭役负担，唐太宗认识到自觉地节制私欲有益于减轻人民的负担，于国于民都有利。基于前车之鉴，唐太宗非常注意“俭以息人”。一方面，他自己在衣食住行上戒奢从俭；另一方面，他要求各级官吏严格要求自己，不要以权谋私。

因此，在中国传统德治实践历史中，唐太宗是一位值得肯定的历史明君，有着辉煌的丰功伟绩，为人所敬仰。除唐朝的后代君王外，他还被宋、明、清等朝代的有为之君视为治天下的圣君而效仿。从相关资料看，日、朝以及东南亚地区等许多尊崇儒教的国家，也把他树立为君王学习的楷模。唐太宗还是一位善于总结历史经验教训的政治理论家，他亲自组织撰写的《帝范》《金镜》和《民可畏论》等一系列文章，充分表述了其以德治国的政治思想。历史实践证明，单纯依靠道德说教并不能保证君王时刻遵循道义，道德理论与实践往往存在相互背离的情况。唐太宗经过几十年的自身实践，深感想要自始至终地践行君德是非常困难的。他在《帝范·后序》中总结道：“非知之难，惟行之不易；行之可勉，惟终实难。是以暴乱之君，非独明于恶路；圣哲之主，非独见于善途。良由大道远而难遵，邪径近而易践。”他不但提出德治思想，而且亲力践行，长期坚持，最终达到极致，实现了“贞观之治”，为后人所景仰。

我们在研究唐太宗德治思想及其践行的过程中，必须采用古为今用、批判继承的态度。虽然建立在君王自身素质之上的国家运行机制已经不适应现代的社会制度，但是拥有高尚道德的高素质领导同样是使现今社会运行机制健康、稳定运转的社会基础。社会越是进步、发展，越是要提倡道德精神，市场经济同样需要道德伦理的支撑和德治的调节。

二、韩愈崇尚道德教育的思想

韩愈尊儒而好自为辩说，他由孟子推及孔子的尊儒之路崇尚的是儒学中的道统。在那个儒、释、道并行的时代，韩愈尊儒作为一面思想的旗帜，借助古文得到较多的发展。但其在根本上，是力图以德、仁为治理天下的方略。所以他猛烈地抨击释、道之学说，表现出强盛的气势，在他的儒学思想的建构中，以德为基石，注重仁义教化和道德的自我完善，韩愈崇尚道德教育，在其中寄托了自我的社会理想。

（一）尊儒的根本在于尊孔尚孟

韩愈在儒学领域的尊孔与尊孟区别于他人，是一个很有趣的问题。孟子虽说是孔子学说的继承者与传播者，他们之间除了性情存在巨大差异之外，在儒学根本上孟子更加鲜明地主张道义重于生命，注重政治的道德化和人性化。他发展了孔子思想中的“仁”，把它与“性善”说融合在一起；但却淡化了孔子所说的“礼”，较之于孔子，他在自我人生的性情上表现为盛气和放达。韩愈在为人与行文上，更倾向于善养浩然之气的孟子。他自称是孟子的崇拜者，曾说：“始吾读孟轲书，然后知孔子之道尊，圣人之道易行，王易王，霸易霸也。以为孔子之徒没，尊圣人者，孟氏而已。晚得扬雄书，益尊信孟氏。”并称道孟子的儒学，是“醇乎醇者也”。这里的“醇乎醇”，着重表明孟子继承孔子思想之纯正，这倒可以用韩愈的另一句话来解释：“孟轲师子思，子思之学，盖出曾子。自孔子没，群弟子莫不有书，独孟轲氏之传得其宗，故吾少而乐观焉……学者必慎其所道，道于杨、墨、老、庄、佛之学，而欲之圣人之道，犹航断港绝潢以望至于海也。故求观圣人之道，必自孟子始。”虽然对孟子的评价存在着韩愈自我认识的主观性，但就其本身来说，韩愈的尊孟本质上却是尊孔，行孟子之道也是在行孔子之道。

韩愈在论学时，往往言及孔子而不涉及孟子。他素来都认为，古之学者必有师，自己抗颜而为人师，作《师说》就是以孔子为榜样的。柳宗元在《答韦中立论师道书》中对韩愈不顾流俗的举动很是称赞。韩愈作《师说》据考证是在贞元十八年（公元802年），此前，他的思想就已经形成了。贞元十四年（公元798年），他作《进士策问》十三首，第十二首道："古之学者必有师，所以通其业、成就其道德者也。由汉氏以来，师道日微，然犹时有授经传业者，及于今则无闻矣。德行若颜回，言语若子贡，政事若子路，文学若子游，犹且有师。非独如此。虽孔子亦有师。问礼于老聃，问乐于苌弘是也。今之人不及孔子、颜回远矣，而且无师，然其不闻有业不通而道德不成者，何也?"此后，韩愈被贬潮州时，曾说秀才赵德"沉雅专静，颇通经，有文章，能知先王之道，论说且排异端而宗孔氏，可以为师矣"。韩愈的思想无疑是以孔子之学奠定了自己的儒学基础，而尊孟在某种程度上是固尊孔之本。他始终置孟子于孔子之下，不仅赞孟子的尊孔之功，而且表示出对孟子的崇敬。

（二）排斥佛、老的气盛与理论的虚弱

韩愈排佛、老的决绝在中唐享有名声，他俨然一个站在儒学立场上的斗士，对佛、老痛加挞伐。其《原道》在推究儒学的道统之后，针对佛、老之学，他说了这样一番话："不塞不流，不止不行。人其人，火其书，庐其居，明先王之道以道之，鳏寡孤独废疾者有养也，其亦庶乎其可也。"韩愈的本意是卫儒学之道，对佛、老断然灭绝的态度在他看来是弘儒所必需的。只有灭了佛、老，才有可能以先王之道教育百姓。从他的方法来看，韩愈有学秦始皇焚书坑儒之嫌，无疑是把灭佛、老简单化了，同时也体现了他在思想上的狭隘性。本来自唐初以来的儒、佛、道三教合流在相互排斥中客观存在着彼此的融合，就像他说孔墨相互为体用一样，应该是毋庸置疑的。但韩愈不接纳佛、老，是感于佛、老对孔儒的侵蚀，如果天下的人不入于老则入于佛，那么"后之人欲闻仁义道德之说，孰从而听之"。

问题当然不会是这样简单，仁义道德乃是治心之术，韩愈曾引《大学》里的修、齐、治、平之说，认为它的本意是正心诚意，那么仁义道德就是正心诚意最有效的灵丹妙药。这将使人被彻底地改造，使他指责的夷狄之法即佛老之学不能加诸于孔子之学上；否则，中原之人也将化为夷狄了。在这种形势下的国家衰微的现象，就不可避免地发生了。韩愈说："道莫大乎仁义，教莫正乎礼乐刑政，施之于天下，万物得其宜，措之于其躬，体安而气平。尧以是传舜，舜以是传禹，禹以是传汤，汤以是传之文、武，文、武以是传之周公、孔子，书之于册，中国之人世守之。"这和他在《原道》中所说的儒学道统如出一辙。而佛学呢？"今浮屠者，孰为而孰传之邪。"在他眼里，佛教只是无根之学，是祸人之学，但这种批判本身同样是缺少力量支撑的。他对文畅说，自己知道这一点，怎么能够不据实告诉你呢？否则，那就是不仁不信了。只是这样苍白的批评并没有什么实质性的作用。

韩愈排佛、老与倡古文联系在一起，好古文且以韩愈为师的人甚多，意味着在当时的社会中，宗儒而斥佛、老者不止他一人。当然也存在好古文却不排佛、老的人，柳宗元就是其中的一例。韩愈没有从全局上把握唐代社会的目光，往往因唐代社会一时的现象而怀有很深的忧虑。既因国家、百姓之忧而忧，又因个人遭遇的不幸而忧。如天下久旱之忧、潮州鳄鱼灾害之忧、自身求官不得之忧，他们对韩愈的困扰由于现实的制约而有一定的时限，这时限终究可以被超越。所以生活中韩愈的旷达也是显而易见的。除此之外，韩愈也因佛、老之盛和儒学之衰而忧。佛、老所注重的自我修炼，把人导向脱离、排斥社会生活的佛、仙世界，使原本平凡的人超越平凡；儒学注重自我的修炼，是要求把完美的自我投身于社会生活中，使社会生活会因自己的投入也变得完美起来。在这个意义上，韩愈的崇儒其实是救国之方。但韩愈和孟子不一样，不像孟子那样直接地把孔子关于"仁"的道德观转化为仁政、王道的政治策略，也没有实施儒学政治的具体措施，而是把社会的改造重点放在人性的改造之上。

韩愈著有《原性》，认为性与情不一样，性是天生的，情则是受后天环境影响。性可以分为上、中、下三品，上品者为善，中品者可导向善或导向恶，下品者为恶。他对孟子主张的性善、荀子主张的性恶和扬雄主张性的善恶相混都有总结和批评，无不是得其一而失其二。韩愈对人性的辨析涵盖了人性论的三个方面，他把人性的形成发展视为动态的，善者可以更善，恶者可以更恶；善者可以转化为恶，恶者也可以转化为善。而对现在的言人性的人不是这样，主要是他们掺杂佛老之学而言人性，那就与韩愈所说的人性有天壤之别了。从这里审视，韩愈虽然对孟子、荀子、扬雄都有所批评，但人性可以被改造是不变的，导善而制恶就是人性改造的最佳方式。同时，这三个人都是儒学道统的继承者，韩愈对于他们的人性论思想所进行的综合分析，终究是在儒学思想的樊篱中，借此对佛、老仍然是有所排斥。

（三）以仁义为基石的儒学思想建构

韩愈以传播儒学为己任，在排斥佛、老中确立了儒学在当时社会上的地位，但对儒学本身除了情感之外的表达，有过怎样的理性思考也是值得后人探究的。在他的人生经历中，二十五岁取进士以前是为学时期，取进士以后有一个长时间的求官时期，为时三年。此后进入仕途，为官与被贬交错发生。韩愈一生中多次总结自己平生所学，自视为一个儒者，一个执着于读圣人之书的人。这对于他人生有着的深刻影响，也是他为人处世不肯随俗的原因，除此之外，还包括他为官也不愿意放弃自己的思想主张。我们应该看到的是，韩愈面临生活也有显得软弱的时候。例如，在他困居长安求官的时期，一月之内曾三次上书宰相，说自己学圣人之道而修身积行已二十年，希望可以为朝廷效力。甚至在《后十九日复上书》以呼救的方式求官："有观溺于水而热于火者，有可救之道而终莫之救也，阁下且以为仁人乎哉？不然，若愈者，亦君子之所宜动心者也。"当时的韩愈才无所用，身无所养，如是的哀告是可以理解的。他在无奈之下所表现出来的乞求，无论从什么角度来说，都是他性格软弱一面的真实写照。不仅如此，他在被贬潮州之后，曾上表向宪宗诉苦，说潮州地远且毒雾瘴气甚重，而他年近五十，发白齿落，孑身孤立，希望得到陛下怜悯，用其可述功德且为时人推许的学问文章。并说："至于论述陛下功德，与《诗》《书》相表里；作为歌诗，荐之郊庙；纪泰山之封，镂白玉之牒；铺张对天之闳休，扬厉无前之伟绩；编之乎《诗》《书》之策无愧，措之乎天地之间而无亏，虽使古人复生，臣亦未肯多让。”他做人的不自信与行文的自信交织在一起，求以为文之道来救助自己的为人之道，不再有《论佛骨表》中的那一身昂然之气，这正是一个真实的韩愈。

韩愈对于儒学用功甚勤。他曾告诉李翊自己的求学历程：“始者非三代两汉之书不敢观，非圣人之志不敢存。”终身的“行之乎仁义之途，游之乎《诗》《书》之源，无迷其途，无绝其源”。这对于后学为文者有着重要的启示。对于他自己来说，儒学的浸渍使他的一生既饱受其福又承其殃，但他是儒学思想的实践者而不是儒学思想的重塑者，他在实践中重在传播、弘扬儒学的本质精神，而没有具体且系统地构建自我的儒学思想。在他的文章中，虽然《原道》是最为明确地表现自己儒学思想的一个篇章，但他在对儒学之道的本源的探寻中，并不是系统、完整地对儒家思想进行梳理，而是直指儒学思想之根。他的认识是准确的，只是这个准确性不具有特别的意义，因为孔孟的儒学是以仁义为本，是人所共知的。所以他在这里一再阐述的“博爱之谓仁，行而宜之之谓义，由是而之焉之谓道，足乎己无待乎外之谓德”没有新奇之感。在这一思想之下，他特别着重讲仁义的教化作用，社会的发展历史在他看来就是一部教化史。韩愈的“人之仰而生者谷帛，谷帛丰，无饥寒之患。然后可以行之于仁义之途，措之于安平之地，此愚智所同识也”没有超越他们的思想。韩愈借此来批评老、庄的“圣人不死，大盗不止；剖斗折衡，而民不争”，使仁义的教化特性更为彰显。

第三节　朱熹的理学与德治思想

一、朱熹的生平

朱熹（公元 1130 年—公元 1200 年）字元晦，又字仲晦，六十岁后称晦翁，晚年号遁翁，又号云谷老人，徽州婺源（今属江西）人。出生于福建南剑（今福建南平）尤溪县城外毓秀峰下郑氏馆舍。朱熹的一生大致可以分为以下三个阶段：

第一个时期，朱熹处于少年和青年时代，是他人生中学习、参加科举考试和初入政坛的阶段。据载，朱熹从小天资聪慧，异于常人。当他刚刚开始学会说话之时，其父指天对他说："天也。"朱熹却反而问父亲："天之上是何物?"让众人惊讶不已。可以看出，朱熹从小就滋生了追究哲学里宇宙最高本体论问题的直觉萌芽，这也为他后来建立"理学"体系提供了感性基础。

朱熹从小就深受其父朱松的影响，开始不断地学习儒家经典。朱熹在十来岁就立下宏愿，要"立志圣贤之学"，每天发奋读书，对《大学》《中庸》《论语》《孟子》等儒家典籍用功极深。后其父亲病逝，朱熹遵父遗愿，开始求学于胡原仲、刘致中、刘彦冲三人。这三人都是当时有名的大儒，史称武夷三先生，他们经常出佛入老，将儒学和佛学相杂糅，以期调和佛儒。这对年轻的朱熹产生了极大的影响，他平时虽以儒家经典为其学习的主要内容，但对于佛家、道家的重要内容也逐一涉猎，时常修习。这种融儒释道为一体的学风在当时颇为风行，也为朱熹的集理学大成奠定了思想基础。

朱熹十九岁时便中了进士，二十二岁被朝廷授予了左迪功郎之衔，二十四岁任泉州同安主簿，开始了其仕途生涯。踏上政治旅途的朱熹并没有停止学习，反而意识到自己以前的学习只是广泛的摄取，却并不能融会贯通，故而他还是把精力放在思考"义理"上面。至其三十一岁时，朱熹拜理学家程颢和程颐（二程）的再传弟子李侗为师，开始了自己学术思想的转变。初见李侗时，朱熹还常常留恋于佛学，还曾以禅道问李侗。后来，李侗教导朱熹要从"圣经中求义"，以便求得"实理"，朱熹此后便潜心于儒学了，也逐渐成长为儒家"道统"谱系中的重要一员。

第二个时期，朱熹在中年和晚年时代，多次参议政事、讲学授业、著书立说，终成理学的大成阶段。在这一时期，朱熹积极参与政事，仗义执言，反对议和，力谏抗金，以极强的民族主义精神，维护国家的利益。后又针对南宋社会存在的时弊，以一个儒者特有的仁爱之心，提出了设“社仓”、主“经界”等改革措施，希望救民于水火。而后，朱熹虽被举荐为侍讲，却由于各种原因，郁不得志，便开始渐渐淡出政坛，踏上了著书立学之路。在这条道路上，他在与同时代的大哲们的激烈辩论中，以二程理学为根本，并积极融汇周敦颐、张载、邵雍等人的思想，继承孔孟之道，筑建起了博大精深的理学体系。朱熹的一生著作颇丰，遍及经史文学等科目。首先，他完成了《二程遗书》的选编，宣扬自己的“存天理，灭人欲”的道德思想。其次，他以理学思想为注解，又编撰了《论语集注》《孟子集注》等书，标志着其理学哲学体系的基本建立。最后，朱熹刊刻四经（《诗》《书》《易》《春秋》），继续宣扬自己以“理”为本的哲学思想。在不断地著书立说的同时，朱熹还积极讲学授徒。他首先在庐山建立了“白鹿洞书院”，在其中积极宣讲自己的理学思想，培养了一大批学生，渐渐形成了自己学派。后又在其六十五岁高龄时于湖南创办岳麓书院，后又修建了武夷精舍、紫阳书院等一系列学府。在这里与弟子们坐而论道，务实勤恳，劳苦治事。通过这些书院，朱熹的弟子遍布中华大地的大江南北，他的理学思想广为传播，最终形成了独立的朱子学派。

第三个时期是朱熹的暮年。虽然朱熹在政事管理、学术教育等多方面取得了巨大的成就，但由于各种政治原因，朱子理学也难逃被禁的命运。理学被当时朝廷定为“伪学”，学习理学的人被打为“伪党”。但是朱熹并没有因此而灰心丧气，他还是不遗余力地发扬自己的理学思想，他豁达地认为：“非徒有望于今日，而又将有望于未来也。”在其死后不久，历史就印证了他的预言，因为当时的君王终于开始意识到朱熹的思想其实是在维护统治者的既得利益的。后来，朱熹的思想和学说得到了极大的发展，他的思想作为元、明、清三朝的官方思想体系，在历史的长河中显示了其巨大的影响力和价值。

二、朱熹的理学思想

理学并非发端于朱熹，两宋先哲如周敦颐、二程、张载等对理学的发展做出巨大的贡献。到了南宋时期，朱熹对理学体系内的诸多哲学范畴做了比前人更加严密、完整的解释，对各种自然现象和社会现象的观察也更为仔细和深入，终于把理学发展成为一个完备的思想体系。

(一) 以理为本

在中国的本体论哲学当中，有以“天”为本、以“道”为本、以“无”为本、以“气”为本等。而朱熹构建的新儒学则是以“理”为本的，“理”成了朱子学说的核心和基本范畴。

1. 理一分殊

朱熹认为，理是宇宙的根源、根本，是不依赖天地万物而永恒存在的。“合天地万物而言，只是一个理。”在天地万物之前，只有一个理是存在着的。由于理的存在，才有了天地，才产生了人和世间万物。所以，世间万物都是由理所产生、包括和承载的。从另一个方面讲，天理既是物质世界的本原，又是天地所以为此天地的终极原因。朱熹认为：“天地之间，有理有气。理也者，形而上之道也，生物之本也。气也者，形而下之器也，生物之具也。是以人物之生，必察此理，然后有性。必察此气，然后有形。其性其形，虽不外乎一身，然其道器之间，分际甚明，不可乱也。”所以说，理在形而上，是万物的根本，在形而下，是万物的各种表现形式。但是，这两者是不可越界的，必须分界严明，各有所归。总之，理在形上是宇宙的终极本体，在形下又是万物的原因，万物皆由理使之然。

理从本源上来说是一个理，但又有呈现出不同的形态，分殊各异。所谓理一分殊，也就是以一理统摄万理，“只是此一个理，万物分之以为体”。“分”中体现出了“理”的广大精微，万物都有各自禀有规定自身的那个理，但理都是统一的，故“天下之理未尝不一”。朱熹认为：“至诚无息者，道之体也，万殊之所以一本也。万物各得其所者，道之用也，一本之所以万殊也。”我们可以从万物的不同和分殊去认识理之本，也可以从一理之本理解万物的分殊。万物之所以分殊是由一理之派生，理又规定了万物的分殊。朱熹认为，自然世界的万事万物，大到日月星辰、江河湖海，小至草木虫鱼，都从同一理中派生出来的，它们在某些方面具有相同的特点，因为它们只有一个理。而各种自然现象又呈现出了不同的状态，是由分殊所致，故而殊在万物各有其分，各含其质。可以说，“理一分殊”是朱熹理学思想的核心命题，是其自然哲学的重要组成部分。它说明了宇宙万物之间是相互关联的，并阐明了总体与分支的关联的情况。而朱熹之所以提“理一分殊”，是因为他想从自然哲学的角度出发去论证伦理道德的合理性。在自然界，宇宙的万事万物都统摄在天理之下，各具差别的事物都因天理的规定而具有了必然性。而在人类社会中，理一便是人类的社会政治秩序，是道德原则的理一，而分殊则是在儒家伦理纲常上的分殊。总之，“理一分殊”用“天理”的内涵为统治者找到统治的权威和基石，又用“分殊”为人民制定了社会生活的道德原则，从而使理学思想能够有效地指导社会生活。

2. 理气变易

在朱熹的理学思想体系中，与“理”密切相关的哲学范畴是“气”。朱熹吸收了古代先贤们关于“气”的思想，构建了自己哲学体系中关于气的范畴。朱熹认为，从“气”的质上讲，有几大特点。首先，“天地间无非气，天地间只是一个气”。也就是说，“气”是普遍存在于我们周围的，弥漫充满在宇宙理，无处不在。在朱熹的理学体系内，我们可感知的物质是“气”，不可感知的如阴阳也是“气”，是抽象的物质。总之，气呈现出一种普遍存在的状态。其次，“气”可变易流动。气的运动表呈现出各种形态，它能升降运动，又能屈伸往来，还能凝聚生死。最后，“气”能凝结造作。由于气有这个功能，便能生人生物，生出形形色色的形象。所以朱熹认为世间万物的始生都是“气化”而来，而各种表现形式的形成，则是“形化”。

在朱熹的理学体系中，“理”与“气”这对范畴呈现出既对立又统一的复杂关系。而理气关系又是朱熹思想中讨论的重要问题，主要呈现出以下几个特点：

一是理气相互依存，不可分离。“天下未有无理之气，亦未有无气之理。”“气与理本相依。”因此可以看出，朱熹认为，理与气是不可分离的统一体，理离不开气，气也离不开理。天下没有无理之气，也没有无气之理；有气必有理，有理必有气。同样，无理也就无气，无气也就无理。而这两者是相互依赖，不可分离的。

二是“理”为形上，“气”为形下。虽然我们说，必须要“理”和“气”的统一作用，才能产生出世间的万事万物。但是，二者是可以区别对待的，因为其存在着不相离也不相杂的状态。天地之间有理有气。“理也者，形而上之道也，生物之本也。气也者，形而下之器也，生物之具也。是以人物之生，必禀此理然后有性，必禀此气然后有形。”我们可以看出，理为形上之道，是生物的本原；气则为形下之器，是生物的各种特质。

三是理生气，理在气先。一般说来，朱熹主张理气并无先后可言，但是如果非要追问何者为先、何者为后的问题，则理为先，气为后。对这个问题的讨论看起来是矛盾的，但是从性质上来，却并非如此。从谁是派生者的角度来看，“理”是派生者，而“气”是被派生者。也就是说推到世界的本原处看，那么必定是理先气后。宇宙中先有理，生出了“气”。但是，从另一个角度看，理气就是没有先后的，因为在物质世界之中，理是物质世界本身的存在，是一切原理之所以能够存在的基础。如果没有了“气”生成的物质世界，“理”也无处依附，也就是“无挂搭处”。也就是说，理先气后并非一个时间概念，理只是在逻辑上是先存在的。

四是“理”为本，“气”为末。理气具有既相互依存又相互分离的特点，都指向一个目的，即理气关系是本末关系，而并非平行关系。“以本体言之，则是有理，然后是气。”“本”相当于本质、本体；“末”相当于现象和各种表现。“理”与“气”是一对矛盾的统一体，而“理”是矛盾的主要方面，而“气”是矛盾的次要方面。朱熹认为，“理”是“气”得以演化万物的主宰力量，起着决定性的作用。

（二）格物穷理

在朱熹的理学体系中，“理”除了具有本体和形而上的特点外，还有“实理”的意思。也就是说，理也包括了具体事务的规律、联系、本质等，是一种客观经验的道理。之所以说这种“理”是客观的，是因为它不能脱离事物本身而单独存在，是具体的而不是抽象的，不是高悬于事物之外的理。也可以说，它主要囊括了对自然规律的认识和人类由经验所总结的各种知识。

1. 格物致知

格物致知是朱熹理学认知观的核心命题。朱熹认为："只是推及我所知，须要就那事物上理会。致知是自我而言，格物是就物而言，若不格物，何缘得知?"也就是说"致知在格物"是由主体推及客体，把客观事物纳入认识的范围的一种认知方法。对于格物来说，朱熹认为必须要"至其极"，在对事物的认识上必须得把握其核心和实质，这样格物才有效果。另外，格物还必须穷尽事理。朱熹举了一个很形象的例子：一朵花，有十个花瓣，我们认识到五瓣，或者认识到九瓣，都是没有认识到花的理，故而"要见禁十分便是格物"。对于格物来说，所格之物主要应是外在世界存在的客观事物。朱熹比较强调通过"格物"来对外在对象进行了解，而不主张"只求诸已"的内在探求。因为理是存在于万事万物之中的，但是却又是形上的存在，比较难以把握和捉摸。故而，要通过格物由表及里、由浅入深地去考察事物，等格到事物的极点，便能把握事物之理。穷尽事理之后，那便是致知。也就是说，认识主体通过考究事物之理，能得到自我知识的扩充。

总体来说，没有格物，就不能致知。朱熹认为，我们通过格物努力探求事物之理，而到人们能获得事物之理，便是致知了，其知识也就完备了。格物是以致知为目的的，致知也是在格物过程中自然地显现，故而"格物所以致知"。在由格物到致知的途径方面，朱熹还是主张通过积累和融汇，有一个循序渐进的过程。"一物格而万里通，虽然颜子亦未至此。惟今日而格一物焉，明日又格一物焉，积习既多，然后脱然有贯通处耳。"总之，通过不断地刻苦推究，进行深入的沉思，我们就能触类旁通，达到内心"豁然贯通"天下之理的目的。

2. 知行关系

在知行关系上，朱熹认为有以下三个主要的方面：

一是知先行后。"夫泛论知行之理，而就一事之中以观之，则知之为先，行之为后，无可疑者。"知与行的先后关系是不容置疑的，而且其固有次序也不可以改变。“博学之，审问之，慎思之，明辨之，笃行之。”在朱熹看来是为学之序，是不能够颠倒的。人们必须先得到“知”后，凭借这“知”去做，去践行。如果一味地离开“知”去“行”，就是没有明白义理，这样即便去实践也没有目标，也会使自己的行动归于空寂。

二是行重知轻。虽然说知在行先，但是论起轻重，则是行为更重要。朱熹认为知并非一件难事，而主要的困难在于行，在于实践。“知”是为了“行”，去明白义理。从道德层面讲，就是将封建的伦理道德运用在日常的社会之中，融汇在我们每一个具体的行动当中。朱熹认为，知必须要通过行动表现出来，如果不去“行”，得到的便不是真知，行了便是知至意诚。故而知是第二位的，行是第一位的。

三是知行互发。“知、行常相须，如目无足不行，足无目不见。”也就是说，知和行是相互依赖，不可偏废，而且能够相互促进的。朱熹还以车之两轮、鸟之两翼来比附知行的双重依赖关系，充分表明了他认为行知应该并重，相互促进，才能使我们的认识和行为沿着正确的规律发展。

（三）尽性明理

在朱熹的理学体系中，理除了作为“本体”“实理”之外，还有一个重要的道德伦理范畴，这也是朱熹学说最终的落脚点。他从“宇宙之间，一理而已”出发，继承了二程“性即理也”的思想，把人性论与天理论联系起，并加以发挥。他说：“性只是理，万理之总名。此理亦只是天地间公共之理，禀得来，便为我所有。”

1. 性与理

前面提到，朱熹的自然哲学领域的“理”与“气”的形上和形下的关系，在社会领域则成了“性”与“气”的形上与形下的关系。所以说，“性”和“理”都是形上的本体。朱熹认为“性”的内涵实际是指个体的道德规范和状态，就是封建道德的仁、义、礼、智、信，即三纲五常。朱熹在《中庸》开头中的注释说：“性即理也，天以阴阳五行化生万物，气以成形，而理亦赋焉，犹命令也。于是人物之生，因各得其所赋之理，以为健顺五常之德，所谓性也。”又说：“所谓天理，复是何物？仁义礼智，岂不是天理？君臣、父子、兄弟、夫妇、朋友，岂不是天理?”也就是说，在封建伦理层面，“性”和“理”完全是一回事，是一种理所当然、天经地义的道德规范。

在人性论方面，朱熹继承了张载和二程的观点，把“性”分为了“天命之性”和“气质之性”。对于天命之性，朱熹说：“论天命之性，则专指理言。”这里的“性”是本源，是人和未生之前共有的本性。这里的“天”也不是指有意志的天，而是指“理”，是一种完美的精神实体，它扩展到各个具体事物当中也是完美无缺的。天命之性是“纯粹至善”的，是最高本体，没有偏废的。但是，人又是由“理”和“气”相互作用而成的产物，人性中便存在着“天命之性”与“气质之性”的对立统一。“天地之间只是一个道理，性便是理。人之所以有善有不善，只缘气质之禀，各有清浊。”也就是说，人性的“善”　“恶”，是由“气”所决定的。朱熹认为，由“清明之气”或者“精英之气”而形成的，没有丝毫混杂的人，就能有“仁义”，自发而出“善性”，成为圣贤；而若是由“衰颓”之气构成的人，那么就会行道偏路，成为愚昧无知和不孝的“恶”人。但是，必须注意的是，二者是统一的，“有气质之性，无天命之性，亦做人不得；有天命之性，无气质之性，亦做人不得”。所以天命之性和气质之性都是人生而固有的。

2. 存天理，灭人欲

从“天命之性”和“气质之性”的基本前提出发，在道德修养上，朱熹提出了“存天理，灭人欲”的主张。我们知道，这个天理实际上是性，也就是心之固有本然，落实到具体的道德实践则是以“三纲五常”为主的封建伦理规范。而所谓“人欲”，则指受物欲迷惑而产生的心的毛病。“只为嗜欲所迷，利害所逐，一齐昏了”便是人欲的表现。朱熹认为，“天理”和“人欲”是相互对立的，是不可调和的，二者只能取一。但是，朱熹也区分了“人欲”和人生理需求的不同。他说：“饥食者，天理也；要求美味，人欲也。”又说：“夏葛冬裘，渴饮饥食，此理所当然。才是葛必欲精细，食必求饱美，这便是欲。”

欲望人人都有，无论是凡人还是圣贤都会饥而思食，寒而思衣。所以朱熹的“存天理，灭人欲”并非要消灭人们对一切物质的需求，而是反对“过欲”“纵欲”，主张克制那些过高的欲望。而朱熹讲“存天理，灭人欲”，主要是为了发扬和继承儒家“克己复礼”的思想传统。朱熹主张“革尽人欲，复尽天理”的道德修养，也就说要一层一层地克尽人欲，当人欲被克掉之后，天理便自然显现出来。也就是说，人们只要通过行动自觉践行社会中的天理大道，把自身融入封建社会秩序框架内，社会便会清明祥和。因此朱熹说：“圣人千言万语，只教人存天理灭人欲。”“做到私欲净尽，天理流行，便是仁。”我们可以看出，朱熹讨论道德规范和物质欲望之间关系问题，实际是为了重塑封建社会的伦理秩序和礼仪。所以“存天理，灭人欲”的准则，被而后的历代封建帝王珍视，作为其统治的基本信条。

三、朱熹德治思想的具体内涵和实践

朱熹的德治思想来源于其天理观，他通过分析社会中的各种现象，把理落实到德治思想的实践的各个方面。为了解决社会存在的各种矛盾，朱熹把天理的普遍道德法则运用在社会秩序的规范上。朱熹沿袭了传统儒家对“仁”的定义，认为仁是一种先天的根本，“德则”是一种道德上的善心，如果心里体现出来这种仁，便是具备了德。不过，朱熹也对仁和德都做了自己的解释，他说：“德字从心者，以其得之于心也。如为孝是心中得这个孝，为仁是心中得这个仁，若只是外面凭地中，心不如此，便不是德。”总之，作为封建社会后期一名伟大的思想家和政治家，朱熹希望自己提出的以德治为基本内涵的政治主张和治国理论能够改变当时南宋社会内忧外患、民族危机深重的现状。

（一）以德修身

朱熹沿袭了传统儒家的德治思想，认为“德，国家之基也”，只有依靠德治，才能保证国家长治久安。如若要推行德治，一方面，君王自身的道德修养是首要因素。他认为：“政之为言正也，所以正人之不正也。德之为言得也，得于心而不失也……为政以德，则无为而天下归之，其象如此。”故作为德治主体的君王，必须加强自我的道德修养，才能把自己的仁德之心推广到黎民百姓中，以达到社会大治。另一方面，修身明理也不仅仅是君王一个人的事，朱熹强调每一个人都要从修身做起，故“自天子以至于庶人，壹是皆以修身为本”。但是，“修身”对君王来说特别重要，如若君主不能以身作则，为臣民立下道德规范，那么就会“则有其位而无其德，不足以首出庶物，统御人群，而履天下之极尊矣”。对于修身来说，“正君心”是又其根本。朱熹认为：“天下事有大根本，有小根本，正君心是大本，其余万事各有一本。”一个国家政治的清明与否，社会的强弱盛衰，都取决于帝王的心术。“盖天下之大本者，陛下之心也，……故人主之心正，则天下之事无一不出于正，人主之心不正，则天下之事无一得由于正。”所以，朱熹希望通过君“正心术”，用自己高尚的德行为天下万民做出表率，以达到“发号施令，群听不疑，进贤退奸，众志咸服，纪纲得以振而无侵挠之患，政事得以修而无阿私之失，此所以朝廷百官，六军万民，无敢不出于正而治道毕也”的安定局面。

在朱熹的德治理念中，不仅要求“正君心”，同时也必须“正官心”。对于如何提高官吏的道德修养，朱熹认为应该让其按圣贤言训立德立志，以忠孝廉节作为修养原则，培养重义轻利、廉洁奉公的高尚人格。对于具体的政治操作，就应该“存天理，灭人欲”，用道德理性来驾驭各种物欲，用礼或理来节制人欲。提倡官吏勤政爱民，抱仁守志，安贫乐道，将圣贤修己治人的精神贯彻始终。总之，朱熹认为，只要在政治生活做到了“正君心”和“正官心”，那么必定也会“正人心”。因为在朱熹看来，仁莫大于父子，义莫大于君主，推行君臣父子等纲常是维系民心的根本，而前提是作为社会管理者的君臣要有至善的道德修养。所以一旦“君心”和“官心”正了，就能明晰天理，进而推行三纲五常为治道，为封建国家的统治提供思想和制度保障。

（二）用礼治世

“礼乐者，皆天理之自然”，故“理”和“礼”在道德实践上是同一的。朱熹认为，“礼”作为人们日常生活中的道德标准和规范，是天理体现在人事上的体现。对于治国理政来说，君王可以通过“礼”的作用立下准确的规矩给贤德者作为参考，令不肖者可以明确知晓自身的不足并因此产生羞耻之心，进而努力向善，力争合乎礼法规范。

朱熹谈到“道之以德，齐之以礼”时说：“这德字，只是适来说底德，以身率人，人之气质有浅深厚薄之不同，故感者不能齐一，必有礼以齐之，齐之不从，则刑不可废。”因为个人的气质禀赋的不同故对于德的实践有高低之分，这便需要礼给予统一的规范，故“齐之以礼”是对“道之以德”的必要补充。所以说，“德者义礼也，义理非礼不行。故欲以德导民者，必以礼齐民”。统治者要以德治国，就应用善教去感化黎民百姓，再用“礼”去让人民的道德感受相同。如果统治者施行德政之后，尚有部分民众未能及时感化转变，就必须施行明确的、制度化的“礼制”。故“德礼政治”便是，思想道德上的善与外化为道德规范的礼来同一的结果，“礼”是德的制度表现。只要每个人都按照各自的社会角色履行自己的义务和职责，就能使天下大治。

（三）德本刑末

朱熹认为，德教与刑罚是治理国家的两种必不可少的手段。朱熹主张德本刑末、德法并用，故有“政者，为治之具。刑者，辅治之法。德礼则所以出治之本，而德又礼之本也”。朱熹认为德刑之间，德礼教化比具体的政教刑责更有作用。“政刑能使民远罪而已，德礼之效，则有以使民日迁善而不自知，故治民者，不可徒恃其末，又当深探其本也。”因为道德从根本上导人向善，而刑罚则以强制力保证人民不许从恶。故施仁政应以德礼为先，以刑法为后。朱熹还有一个重要的观点是“有德礼则刑政在其中者，意则甚善”，这构成了朱熹关于德治理论的基础和价值导向。德礼或刑罚相互依存、相互补充，缺一不可。从德治具体过程上看，朱熹认为，“有德无礼，而无以齐一，有礼无德，而不知向慕”，故应先以德礼去感化和规范百姓。如果一开始就用严刑峻法规范百姓的行为，只能治标不治本，朱熹认为：“先之以法制禁令，是合下有猜疑关防之意，故民不从，却又齐之以刑，民不见德而畏刑，但图目前苟免于刑，而为恶之心未尝不在。”但是，百姓由于性之不同，也不能完全齐一。“齐之不从，则立个法制，如还不从，便以刑罚齐之。”因为“号令既明，苟不用刑罚，则号令徒挂墙壁耳”，所以“为政以德，非是不用刑罚号令，但以德先之耳”。

（四）养民教民

朱熹认为治理国家应该以民为本，只有教民惠民才能凝聚民心，使是社会安定团结。朱熹认为：“古圣贤之言治，必以仁义为先，而不以功利为急。夫岂固为迂阔无用之谈以欺世眩俗，而甘受祸哉？盖天下万事本于一心，而仁者，此心之存之谓也。此心既存，乃克有制。而义者，此心之制之谓也。”朱熹并没有完全否定功利，只是认为仁义为先，功利为后，并应该用仁义道德之心，克制功利。所以君王治理国家时应秉承“为政之道，在于养民为本”“德惟善政，政在养民”的理念，给予人民适当的物质利益，让百姓安居乐业。

朱熹的养民对策主要有两个：一是“正经界”。“经界”是一种土地所有权的地理标志。当时社会中普遍存在着经界混乱，赋税不均的状况。朱熹为了改变这种状况，故提出了“正经界”一说。他倡导行经界法，以核实田亩，编制鱼鳞图，“置立土封，桩标界至”，使田税均平。朱熹为了改变由于豪强大肆兼并而出现的“业去产存”，“有产者无税，有税者无产”的局面，提出了“田有定分”的主张。这样就可以限制豪强占有田数，缓和土地兼并，以此来平衡人心，限制富人的财富所得。总之，朱熹把经界看作赋予土地所有权以法律效力，主张给人们一定数量的土地，使人们得以耕种。这样，就会使得土地均、谷禄平，皇家贵族、大小官吏的土地分封和世袭爵禄得以确定。他强调仁义道德，试图从意识上唤起人们获得有道的自觉。二是“省赋轻敛”。朱熹把薄赋敛、恤民，作为天下国家之大务。他在多次上疏中都提出：“臣尝谓天下国家之大务，莫大于恤民，而恤民之实在省赋。”他认为，当时赋税十分繁重，弊病极多。他以当时江浙一带的情况为例，提出了繁重的苛捐杂税加重了百姓的负担，使民不聊生。“福建赋税犹易辨，浙中全是白撰，横敛无数，民甚不聊生，丁钱至有三千五百者。”朱熹在南康郡为政期间，目睹了赋税苛重致使人民“流移四出”“荒畴败屋”的惨象。朱熹认为这种杀鸡取卵、竭泽而渔的做法，是一种不明智的选择。他主张除夏、秋征税以外，其他名目的苛捐杂税则都应取消。他说："须一切从民正赋，凡所增名色，一齐除尽，民方始得脱净。"其实，过重的税赋，不仅使百姓的生存难以为继，也使许多官员的腐化变质，这是有悖于道德"天理"的。因此，朱熹秉承"民富，则君不至独贫，民贫，则君不能独富"的理念，以"宁过于予民，不可过于取民"为基本原则，认为统治者必须以德治政、轻徭薄赋，这样人民群众才能家给人足、衣食无忧，社会才能实现安定和平，国家才能长治久安。因而，要减轻人民的负担；否则，富君贫民，则如杀鸡取卵、竭泽而渔，这是一种不明智的举措。

朱熹认为，要想使国家长治久安，除了要养民之外，还要施行教化，敦厉风俗，转变社会风气。教民以德重要的手段就是行教化、立学校，进行三纲五常的伦理道德教育。因为人生来就被赋予了仁义礼智之天性，天下之理，无不具于一人之身中。但因人有气质之偏，又受物欲的蒙蔽，故不能展现其至美至善的人性。"是以古之圣王设为学校，以教天下之人……必皆有以去其气质之偏，物欲之蔽，以复其性，以尽其伦而后已焉。"朱熹希望通过学校教化，淳厚风俗，提高整个社会的道德水平。

总之，朱熹继承了儒家传统德治思想的合理核心，以"仁"为天理人性的结合点，浑然与物同体，形成一个圆融的体系。在理学个人道德修养功能方面，朱熹以天理为中心，理一分殊为原则展开论证，并结合"性即理"理论加以解释，确立了仁义的价值优先取向，从而引出了理欲之间的对峙。因为修仁在于去私欲，而仁通于天地之心，所以要完成复明天理的任务，只能通过"克己灭欲"的途径，这样便又架起了沟通"理"与"礼"之间的桥梁，再以"复礼"为具体的下学工夫，从而确认了道德原则与具体实践生活间存在的联系。因此，在现实政治生活中，他以培养"君德"为重点，同时强调培养"官德""民德"的必要性以及作为人间秩序的"礼"在实施仁政中的作用，为社会各界实践德治提供了认识与修养的基本方法，也为臣子以及下层人民监督君主政治活动的动机，找到了正确的出发点和合理的依据，以此调节社会成员之间的关系，从而达到"德治天下"的目的。

第五章　中国传统德治思想的精髓与当代意义

中国传统德治思想发展历史跨度大、内涵丰富，笼统而归纳之难以涵盖其广博之意涵。然其宏大的体系也有可把握之端倪，端倪的组合犹如德治的多个面向，通过它们则可以窥探德治的全貌。这些端倪包括养民、教民的“民本”精神，国家至上、集体至上的“集体与爱国”精神，纳谏、奋斗的“开放进取”精神，以及崇德、尚和的“和谐”精神。同时，端倪之所在，正是德治落实于政治生活的精髓所在，也正是通过它们，德治之丰富内涵得以被理解。进而言之，精髓之所以为精髓，是因为它能跨越时空的界限，在政治现代性转化的征程中发挥其应有的作用，展现出中国传统德治思想的当代意义。

第一节　中国传统德治思想的精髓

一、“民本”精神

中国传统德治思想的发展虽然经历了奴隶社会时期和封建社会时期，从根本上来讲这些时期的统治都是为维护特殊阶级的特殊利益的；但是，在整个人类生存的大系统中，不仅有特殊的阶级，而更多的是与特殊阶级存在紧密联系的人民，他们的存在直接决定特殊阶级的存在状态，这是不可否认的客观事实，于是合理地处理统治阶级与平民百姓之间的关系是整个社会得以平稳发展的前提。

尧帝较早就提出了“克明俊德，以亲九族。九族既睦，平章百姓。百姓昭明，协和万邦，黎民于变时雍”的观点，认为黎民百姓是国家得以存在的根基，是统治者进德修业的根本依据。随着历史的向前发展，统治者们在政权的更替中逐渐意识到了黎民百姓的意志和力量的重要性。大禹的时代明确提出“民为邦本，本固邦宁”，将民众与邦国的治乱紧密地联系在了一起，第一次提出并诠释了“民本”精神。接着从周初开始，统治者们逐渐淡化“天”的宗教意义，并逐渐将“民”上升到与天相配的地位，民意成为天意的代表。而“德”便成为沟通天与民的桥梁和纽带，向上以德配天，向下敬德保民，实现天、德、民三者的良性互动。至此之后，黎民百姓在中国的传统政治文化中便占有了举足轻重的地位，处理与民众的关系成为统治者政治生活的关键一环，“民本”精神在中华传统德治思想中确立起来，之后的“民本”精神都是在此基础上的继承和发展。此继承和发展主要分为两个层面的内容：其一，对“民本”精神的奥义进行进一步论述。如孔子将民本思想表述为“修己以安百姓”，一个“安”字，即使尧舜也难以达到，人心之“安”与否，不仅是天下治乱的根源，更是百姓幸福感的充分体现，这是一个天下归仁的大同境界；孟子将民本思想表述为“民为贵，社稷次之，君为轻”，将“民”的地位提到了前所未有的高度，无人可以出其右。其二，探讨如何在政治生活中将“民本”精神落到实处。古代的先贤提出“民本”精神，并不是将其仅仅作为一个口号挂在嘴边，而是包含了如何将其落到实处的具体内容，主要分为两个方面：首先是养民，从物质上对黎民百姓的需求给予一定的满足。在这方面，孔子强调百姓“不患寡而患不均”，从资源分配的角度指出贫富差距不能太大，差距太大容易造成民众内心的不平衡，“安”的生活自然无从说起。孟子提出要“制民之产”，从物质生活资料生产的角度强调将“蛋糕”做大，并且要轻徭薄赋，减少消耗，这样便能扩大民众的物质积累，为更高的生活质量创造物质基础。朱熹提出，为政之道，在于养民为本。具体落实为划定土地范围以保证民众的物质资料生产，省赋轻敛以减少民众的开支。其次是教民，提升民众的精神境界，以为国家治理输送人才。在孔子之前，崇德明礼之学被定为官学，只有官家的子弟才能进行研习，自孔子开创私学而始，“礼不下庶民”的局面有所改变。孔子以“有教无类”的方式广收门徒，使文化得以下贯，形成“弟子三千，贤人七十有二”的盛况。孟子更是将“得天下之英才而教育之”作为人生一大乐事，在具体实践中广收弟子，这也使得孟子的思想得以传播下来。

可见，“民本”精神贯穿中国传统德治思想的始终，它首先体现在中国古代开明的统治者与圣贤充分意识到“民”在治国理政中的重要地位，并逐步将这一地位充分提取并传达出来。其次在此基础上提出养民、教民的策略，从物质和精神两个方面提高民众的素质，以达到天下盛世的境况。

二、“集体与爱国”精神

正如前文所述，中国特殊的地理环境、农耕经济发展与社会伦理关系构成了中国人所生存的独特空间。在此空间中，人们不能大跨度地转移而组成稳定的社会结构，不需要长途迁徙就能获得相对充足的生产资料，在往来的熟人中间很少有陌生人的介入，社会成员之间知根知底。这样的生存空间为集体主义的形成打下了坚实的基础。而集体主义的真正成形还是源于在此基础之上的人与人之间的守望相助。对于古时候的人们来说，面对变化莫测的大自然、族与族之间的巨大冲突，以及个体所要面对的家长里短，个人的力量总是渺小和不堪一击的，反之，联合他人的力量往往能将大事化小、小事化了，避免造成重大的损失。大禹治水便是一个鲜活的事例，尽管在传播的过程中所提的都是“大禹”治水，但是治水的并非大禹一人，他只是治水的主要带头人，最终洪水得到治理却是众多民众团结起来的功劳，这便是集体的力量，它是我们克服重重灾难发展至今天的根本保证。除了大禹治水的事例，荀子对人能“群”的论述不可谓不深刻。他说道：“水火有气而无生，草木有生而无知，禽兽有知而无义；人有气、有生、有知，亦且有义，故最为天下贵也。力不若牛，走不若马，而牛马为用，何也？曰：人能群，彼不能群也。”人区别于水火、草木、禽兽的关键之处则在于人不仅有气息、有生长的可能性、有感官知觉，还懂得人与人之间交往的适当关系的实现。也正是在此基础上，人虽然力气不如牛大，奔跑不如马快，但是却能驾驭牛马，最关键的因素在于人能通过“礼义”结成社会群体。同时，“义以分则和，和则一，一则多力，多力则强，强则胜物”。有不少的动物也是以群体性的生活方式存在，但是它们却不能产生如人类这样强大的力量，这主要归因于人能根据礼义进行社会分工，将多种力量聚集在一起，如此便能形成强大的、足以对抗外界冲突的力量。这样的集体是以血缘关系联结起来的整体，而血缘关系又以“爱”为其纽带，此“爱”由爱自己、爱亲人、爱家庭，延伸到爱宗族、爱邦国、爱天下、爱万物，植根于中华民族内心中的爱国主义精神便由此而来。

正是在集体和国家的生存空间中，君子的德性得以修养而成。《大学》中引用《诗经》的语句“瞻彼淇澳，菉竹猗猗。有斐君子，如切如磋，如琢如磨”，描绘了一幅君子在人际交往中不断打磨自身德性的场景。“如切如磋、如琢如磨”并非君子一个人在封闭的空间之中的自娱自乐，而是在与人打交道的人情世故中反复捶打和琢磨，并内化于心，逐步提升自身的德性和品质。不仅如此，德性的实现也需要在集体生活中外化于行。北宋五子之一的张载曾说，有志之君子应当为天地立心，为生民立命，为往圣继绝学，为万世开太平。德性需要在外在的事功中才能得以展现，也必须在事功中展现，正如王阳明在《传习录》中所言，“真知即所以为行，不行不足谓之知”。高明的德性修养一定是能落实到现实生活中的修养，如果不能，那只能代表修养不到位，也就不能算是“真知”。

三、“开放进取”精神

所谓“开放”，是指团体或者个人不以自而有之的认知为中心，实现与外界的链接。团体与个体因深刻体会到“自身”的狭隘性，将“自身”对外界敞开，进而实现对“自身”限度的超越。中国的先贤们深知个体的认知范围总是有界限的，于是形成了广泛访贤、识贤、纳贤、用贤，广交天下豪杰的良好传统，以弥补个人认知和能力的不足。为政者能知人善治，被称为拥有真正的大智慧，因为他们能不自用其有限的知，而将他者已知而我所不知的因素纳入整个认知系统之中，以便于做出符合实际情况的判断。中国古代开放包容、访贤用贤的例子比比皆是，如唐尧知人善治、广纳贤言，禅位让贤，不亲其子；文王渭水河边觅姜尚，成就周王朝八百年的江山；周公一沐三捉发，一饭三吐哺，周公吐哺、天下归心的典故流传千古；刘备白手起家，三顾茅庐请出孔明，与曹操、孙权三分天下；唐太宗用人不拘一格，遇直言忠臣魏征成就贞观盛世，等等。但将此种开放包容的深刻内涵描述得淋漓尽致的当属《中庸》中所引述的关于舜的事例，“舜好问而好察迩言，隐恶而扬善，执其两端，用其中于民”。“迩言”指浅近之言，“好问”体现舜善于纳谏的行事风格，但他并非只采纳所谓的高见宏论，而是广泛听取看似浅近的言论。这样的动作看似平常，背后却蕴含着深刻的哲学道理：语言是思维的物质外壳，思维是对客观世界的能动反映，也就是说语言所包含的是客观环境的信息，于是切近的语言则是对切近环境的反映。同时，人的官能是有限的，对周围环境也只能形成有限的感知，然而他者所站的角度不同，对环境的把握可能有超出“我”的地方，因此广泛听取看似浅近的言论有利于“我”形成对所处环境的整体认识，避免因自身的限度而做出不适格的判断。因此，开放作为为政者的政治德性，是中国传统德治思想的重要组成部分。

进一步地，开放并非为了开放而开放，开放的目的在于进取，是进取的必要条件。欲进取必然要有开放的态度以吸收一切有利的因素，进而实现向前的发展。在开放的基础上，将吸收进来的各种有利因素为我所用，积极创造更加美好的未来。《周易》中提道：“天行健，君子以自强不息；地势坤，君子以厚德载物。”君子自立自强，健行不已，积极进取，永不停息。大禹治水，三过家门而不入；孔子推行大道，周游列国，惶惶如丧家之犬也在所不惜；王守仁于极度危难之间仍然一方面寻求自身理论维度的精进，另一方面积极开馆授学、平定叛乱……一代代中华儿女为了实现美好的理想前赴后继，奋勇向前，开创了一个又一个开明的盛世。

四、“和谐”精神

中国古人历来崇尚和合，政通人和是德治思想的重要目标。“和”与“同”是相对的一组概念，西周史伯有言：“夫和实生物，同则不继。以他平他谓之和，故丰长而物归之。”（《国语》）“和”指多种不同的东西相互融合，“同”则是多个同种性质的事物聚集在一起，“和”能产生出新事物，“同”则不能。如多种不同的乐器发出不同的声音，如果不能对其进行调和，这些声音会无比的刺耳，让人听之只觉心烦意乱。相反，如果将各种声音按照一定的节律统一起来，达到彼此之间的和谐，就会使人听之悦耳，身心感到舒畅。就其现实性而言，天下万物都具有差异性，不存在两片完全相同的树叶，而差异性就会有冲突，“和”便是对冲突的引导和化解，是对多样性的统一。只有和谐了，系统中各要素的交流才能畅通无阻，达到“1+1>2”的效果。孔子将音律之和、事物之和上升到人与人之间关系的和谐。他指出：“礼之用，和为贵。”“君子和而不同，小人同而不和。”礼作为人与人之间交往的仪式和规则，从表面来看是以区别各自的职能，划定各人当行的区域为主要内容。而实质上，分是为了更好的和，每个人所处的位置不同，其认知范围与能力的大小有着一定的差异，唯有对其进行适当的分判，划定相应的职能范围，才能避免不必要的冲突，甚至产生更加良好的效果。涉及人与人之间的交往，孔子充分意识到了个体与个体之间的差异性，并指出要以包容的心态容纳他者的不同，实现真正的和谐，而非看似一团和气，实则暗流涌动。《中庸》一文中更是将“中和”提升到了大本大源的高度。《中庸》中记载道：“中者天下之大本，和者天下之达道，致中和，天地位焉，万物育焉。”如前所述，所谓“中”，不是简单的几何中点，而在其实质意义上是指事物达到合理的状态，即“通达”。“中者天下之大”本意指天地的本然状态是相互“通达”的，这是一种原始的“通达”。此“通达”的状态为人类所意识到，因此人类将其作为追求的理想和目标。同时，人类并不满足于那种原始的“通达”状态，而是要通过主动作为，达到对原始状态进行否定之否定后的“通达”，此否定之否定之后的“通达”便是“和”。所以，和者天下之达道，达道是在现实条件之下具有可行性的道，是形而上与形而下的辩证统一。以对“中”的理想进而实现现实条件之下的“和”，达到的效果便是天地万物各归其位、各尽其能地生长发育，呈现出一派欣欣向荣的景象，这也是施行德治所要达到的效果。

第二节　中国传统德治思想的当代意义

当代政治以法治为其显著标志，依法治国成为当代政治的基本遵循，而以德治国是中华文明几千年传承的优秀成果。法治与德治，作为治理国家的两种手段，二者并非非此即彼、水火不容，而是依法治国和以德治国相辅相成、互相促进、互为补充、互相联系、密不可分。依法治国离不开以德治国，以德治国是依法治国的基础，依法治国是以德治国的保障，把依法治国与以德治国结合起来，是对依法治国与以德治国辩证关系的正确认识。在中国特色社会主义新时代，要把道德建设和法律建设紧密结合起来，就是要把依法治国和以德治国紧密结合起来，有效发挥它们的积极作用。我们要通过依法治国和以德治国，提高治理水平，提高整个中华民族的道德水平，重塑文明强盛的中华民族形象，为实现中华民族的伟大复兴提供坚实的力量。依法治国与以德治国的辩证关系客观上要求我们在社会主义现代化建设过程中，坚持把依法治国与以德治国结合起来。在改革开放和社会主义现代化建设新时期，中国共产党人深刻总结改革开放以来的经验和教训，站在时代和历史高度，深刻思考中国社会发展的治国战略模式，提出依法治国与以德治国相结合的治国理论。坚持把依法治国与以德治国紧密结合起来具有极其重大的现实意义和深远的历史意义。

坚持“依法治国”同“以德治国”相结合，是对中国传统宝贵历史经验的吸收和借鉴。在中国社会历史发展过程中，曾有不少思想家和学者萌发并提出过治国不能没有法治也不能没有德治，纯粹的“法治”或“德治”并不存在，应将“法治”与“德治”结合或并用，只有二者“并用”才是治国之大道。社会主义社会的“依法治国”和“以德治国”与封建社会、资本主义社会的“法治”和“德治”具有本质不同。社会主义依法治国是自有法以来最能真实体现广大人民群众根本利益的法治模式，社会主义道德是比人类社会历史上以往任何时候都更加高尚、积极和进步的道德。坚持“依法治国”与“以德治国”相结合的重要思想，是对人类社会智慧结晶的吸收和借鉴，也是对中国传统历史经验的辩证扬弃。

为了使新时代社会主义市场经济健康发展，必须加强法制建设，建立健全并不断完善与社会主义市场经济相适应的法律体系，做到有法可依、有章可循。全面实施依法治国方略的同时，还要注重加强建设与市场经济相适应的道德体系。因为现代市场经济制度都是以相应的道德意识、道德观念和道德习惯为前提的。道德观念可以无形地影响人们的行为和价值取向，在潜移默化中形成一种社会秩序和为社会大多数人所认同的自律力量，从而保证社会主义市场经济的顺利运行。例如，社会主义市场经济也是诚信经济，而诚信是道德的重要内容。如果社会诚信出现危机，社会主义市场经济将成为一种混乱经济。市场经济体制、秩序的构筑不仅离不开完备法律的调整和规范，而且也离不开有力的道德支撑和约束。坚持依法治国与以德治国相结合，有利于促进市场经济体制和市场经济秩序的建立。在加大查处打击力度的同时，还要加强道德建设，建构市场经济的社会主义道德体系，这无疑是必要的。

社会主义现代化建设的顺利进行需要以稳定的社会秩序和国家的长治久安为前提，而这两者的实现既离不开法律也离不开道德。因为当前我国正处于前所未有的社会转型、经济体制转轨的变革时期，社会经济、政治、文化生活和人们的思想、道德观念、行为模式、生活习惯都产生了深刻变化，社会关系日益复杂化。在一定时期内，这些变化也可能拉大利益分配的差距，激化不同利益群体的矛盾，甚至引起许多不安定的社会因素。因此，在新时期，法律和道德、法制建设和道德建设比以往任何时候都显得尤为重要。法律可以利用国家强制力和威慑力保证政治决策的民主化、科学化，合理配置各种社会资源，及时解决市场经济发展过程中出现的各种矛盾和纠纷；并且能够有力地打击各种危害国家和社会的颠覆、破坏活动。而道德则可以利用其内在的意识制约力来遏制各种邪恶思想的滋生，防止社会混乱，减少社会利益冲突，以加强人们的团结，增强全体社会成员的凝聚力；还可以对法律的创制和实施提供有力的支持、配合和协调。可见，“依法治国”与“以德治国”紧密结合有利于抑制社会发展过程中出现的某些负面影响，是实现社会稳定和国家长治久安的需要和保障。

总之，依法治国与以德治国相结合是历史发展的客观需要，有着深远的历史意义和现实意义。将法制建设与道德建设、依法治国同以德治国紧密结合，通过社会道德建设的不断深化和发展，逐步建立与社会主义现代化建设相适应的法律体系和道德体系。这对弘扬民族精神和时代精神，形成良好的社会风气，促进政治文明与精神文明协调发展，全面推进中国特色社会主义建设的伟大事业，具有极其重要的历史意义和实践意义。

参考文献

白寿彝. 中国通史［M］. 上海：上海人民出版社，1989.

班固. 白虎通［M］. 北京：中华书局，1985.

毕研哲. 曹元弼《礼经学·丧服例》述义与特色辨析［J］. 文教资料，2015（29）：1-4.

伯尔曼. 法律与宗教［M］. 梁志平，译. 北京：生活读书新知三联书店，1991.

博登海默. 法理学［M］. 邓正来，译. 北京：中国政法大学出版社，1999.

曾参，焦金鹏. 大学［M］. 南昌：二十一世纪出版社，2015.

程颢，程颐. 二程遗书［M］. 上海：上海古籍出版社，2000.

戴圣. 礼记［M］. 上海：上海古籍出版社，1987.

邓小平. 邓小平文选［M］. 北京：人民出版社，2006.

董洪杰. 国学知识全知道［M］. 北京：北京联合出版公司，2014.

董仲舒. 春秋繁露［M］. 北京：中华书局出版社，2009.

冯友兰. 中国哲学史［M］. 上海：华东师范大学出版社，2011.

傅佩荣. 傅佩荣译解易经［M］. 北京：东方出版社，2012.

葛洪义. 法理学［M］. 北京：中国政法大学出版社，1999.

公民道德建设实施纲要［N］. 人民日报，2001-10-25.

班固. 汉书［M］. 张永雷，刘丛，译. 北京：中华书局出版社，2016.

何晏，邢昺. 论语注疏［M］. 北京：中国致公出版社，2016.

蒋云根. 略论我国政治道德建设［J］. 政治学研究，2003（2）：37-40.

孔子. 孝经［M］. 顾迁，注译. 郑州：中州古籍出版社，2012.
李敖. 周子通书·张载集·二程集［M］. 天津：天津古籍出版社，2016.
李世民. 帝范［M］. 北京：新世界出版社，2009.
列宁全集［M］. 北京：人民出版社，1980.
列宁文稿［M］. 北京：人民出版社，1980.
刘向. 说苑［M］. 白罗，解读. 合肥：黄山书社，1993.
卢梭. 社会契约论［M］. 中译本. 北京：商务印书馆，1987.
论语［M］. 杭州：浙江少儿出版社，2009.
罗尔斯. 正义论［M］. 何怀宏，等译. 北京：中国社会科学出版社，1988.
罗国杰. 伦理学［M］. 北京：人民出版社，1989.
吕不韦. 吕氏春秋［M］. 陆玖，译注. 北京：中华书局，2011.
马克思. 资本论［M］. 北京：人民出版社，1975.
马克思恩格斯全集（第二卷）［M］. 北京：人民出版社，1957.
马克思恩格斯全集（第一卷）［M］. 北京：人民出版社，1956.
马克思恩格斯选集［M］. 北京：人民出版，1995.
孟子［M］. 北京：东方出版社，2015.
屈守元，等. 韩愈全集校注·读荀［M］. 成都：四川大学出版社，1996.
尚书［M］. 顾迁，译. 北京：中华书局出版社，2016.
司马迁. 史记［M］. 西安：三秦出版社，2008.
司马迁. 史记全本新注［M］. 张大可，注释. 武汉：华中科技大学出版社，2020.
王充. 论衡［M］. 上海：上海人民出版社，1974.
王惠岩. 当代政治学基本理论［M］. 天津：天津人民出版社，1998.
王淑芹. “以德治国”与制度伦理［J］. 教学与研究，2002（8）：25-26.
王阳明. 传习录［M］北京：中国画报出版社，2012.
吴兢. 贞观政要［M］. 北京：团结出版社，2002.
荀子［M］. 安小兰，校注. 北京：中华书局，2016.
严斯信. 尚书尧典今绎［M］. 昆明：云南人民出版社，2010.

张宏生，谷春德. 西方法律思想史［M］. 北京：北京大学出版社，1990.
张绍德. 解读尚书［M］. 济南：齐鲁书社，2018.
赵歧. 孟子章句［M］. ［出版地不详］：［出版者不详］，［出版年份不详］.
朱熹. 四书章句集注［M］. 北京：中华书局，2011.
庄周. 庄子［M］. 上海：上海古籍出版社，1995.
左丘明. 国语［M］. 李德山，注评. 南京：凤凰出版社，2009.
左丘明. 左传［M］. 赵捷，赵英丽，注译. 北京：崇文书局，2016.

后记

经过多年的辛勤耕耘，《中国传统德治思想研究》终于完稿。蒙西南财经大学出版社的关心、支持，本书有幸与广大读者见面，我们感到欣慰与满足。

中国传统德治思想源远流长，蕴含着诸多治国理政、人本管理、为人处事、为官治理等的高超智慧。本书就中国自先秦以来诸子百家到近现代主要思想家之德治思想做了较为系统全面的分析与考察，对其各自的德治思想的缘起、内涵、特点以及价值与局限等亦做了认真的梳理与探究，以期对今天我国学界对实施以德治国与依法治国、建设社会主义法治国家的基本国策的研究提供参考。书中较为全面地概括、介绍了中国传统德治思想，融汇了我们对有关中国传统德治思想的一些重大问题的心得体会和理论反思，且在此基础上尝试性地提出了一些独立的见解，以期对人们认识、了解并把握中国传统德治思想之精华与智慧而有所裨益。

然而，中国传统德治思想毕竟源远流长、博大精深，因此，探索和研究过程中的困难和艰辛不言而喻。不过，路，总是走出来的。况且，无数哲学先驱和中国传统文化研究者已留下了宝贵的思想资料和历史足迹，这为我们在新的历史条件下探索中国传统德治思想之精华提供了镜鉴。

本书作为四川省委党校研究生学位课题的研究成果，得到了校方的出版资助。在写作过程中，我们参考、借鉴和引用了近年来国内外公开发表的有关著作、文章的观点和资料，在此一一感谢。学校科研处的李翔宇、杨志远两位处长，以及研究生办的沈超群老师为本书的出版做了大量工作，并提出了许多宝贵意见。西南财经大学出版社也为本书的出版提供了帮助，在此竭诚致谢。另外，第五章由硕士生周亿豪同学撰写初稿，在此也一并致谢。

由于本书是作者对中国传统德治思想所做的一种尝试性研究，研究、写作的时间不长，对许多问题的思考尚不十分成熟，且因作者文拙腹菲、才疏学浅，故尚存缺点和错误，敬请各位专家和广大热心读者批评指正、不吝赐教。

作者

2022 年春于成都光华村